U0324062

世界珊瑚图鉴

300 幅 珊 瑚 鉴 赏 图 典

〔日〕小林道信 著　　秦小兵 译

中国民族摄影艺术出版社

目录

CONTENTS

第一章
喜阳性珊瑚

第二章
喜阴性珊瑚

第三章
软体珊瑚与海产无脊椎动物

第六章
珊瑚水族箱中的海藻

第四章
珊瑚水族箱中的甲壳类

第七章
珊瑚的养殖与珊瑚水族箱的管理

第五章
珊瑚水族箱中的小型海水鱼

花伞软珊瑚的水螅体是非常漂亮的装饰

走进珊瑚的世界

脑珊瑚（左下）

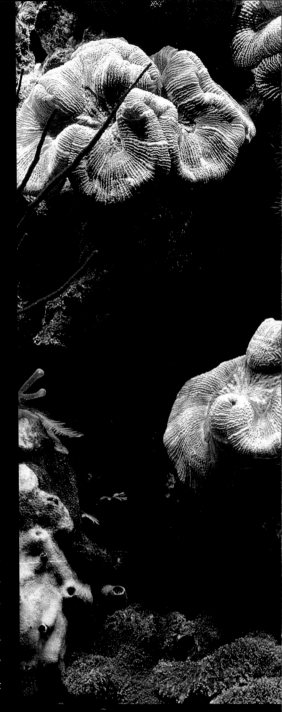

　　"真希望能在我家里的海水水族箱中再现珊瑚礁这种美丽的海洋世界""真想在海水水族箱中养殖鲜活的珊瑚啊"，海洋生物养殖爱好者的类似愿望在很久以前都是遥不可及的梦。但是随着人们对海洋生物养殖的长年研究以及各种器材的发展，这个遥不可及的愿望已不再是梦，现在只要具备必要的养殖设备再加上恰当的养殖管理（当然预算会不少），任何人都能实现这个愿望。

　　特别是在海产生物中以美丽、种类繁多而具备超高人气的珊瑚，在以前的人工养殖环境中，除了一部分体形健壮的珊瑚以外，想让珊瑚长时间存活都是一件非常困难的事情。随着养殖技术的大幅进步，如今珊瑚不仅能在水族箱内存活，还能健康地生长。

　　最近连活体珊瑚中被称为最像珊瑚的"鹿角珊瑚"中的大部分品种也能够在海水水族箱中生长，并且已经达到了探索将来是否可以在水族箱内进行繁殖的阶段。

　　如今在世界各大海洋中自然生存的珊瑚正面临着巨大的危机——机场建设产生的沙土倒入大海所带来的水质恶化、地球温室效应所带来的海水水温上升、人为经济活动所带来的各种恶劣影响等。因此与珊瑚相关的新闻越来越多地出现在媒体上，但实际上一般人对于珊瑚的认识还仅仅停留在"它是生活在遥远的海洋中的一种珍惜生物"这一层次上。

　　如果通过本书的介绍，能让一部分人士开始喜欢上珊瑚并开始关注珊瑚的生存，进而为保护可爱的珊瑚做出一部分贡献，那么这将是笔者最可喜的收获!

在珊瑚装饰性水族箱中自由地游动并和谐相处的小鱼是成对的金背神仙（中央下端）和火焰虾虎（左上）。在这类大小的海水鱼水族箱中，以鲜活的珊瑚为中心构建立体的水族箱，并养殖一些小型的海水鱼在其中游动穿梭，相信一定能给人一种看到了真正的珊瑚礁的感觉

鬼王（学名：Gramma loreto）与香蕉珊瑚

在流水中摇动触手的
章鱼足珊瑚

珊瑚的魅力

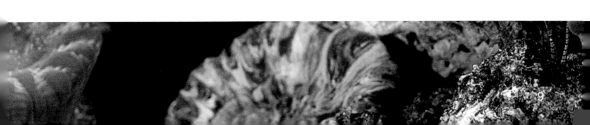

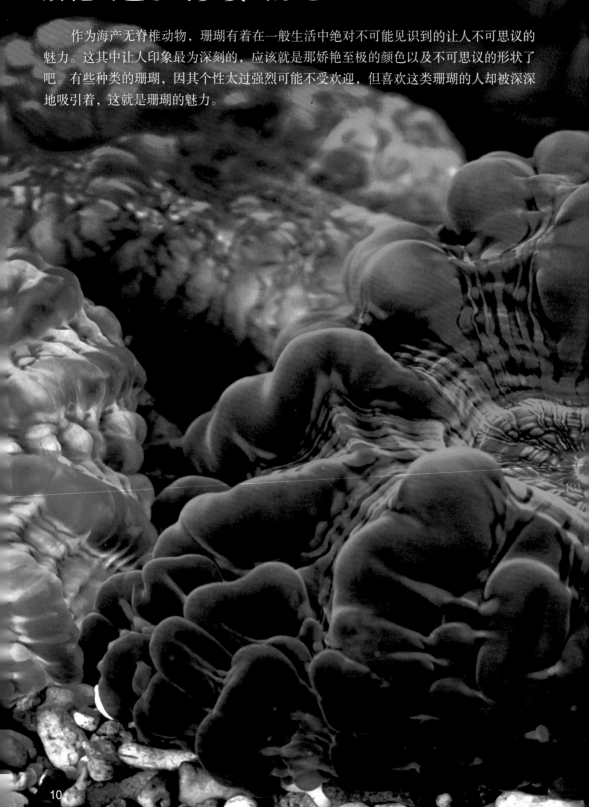

娇艳的色彩与多姿的形态

　　作为海产无脊椎动物，珊瑚有着在一般生活中绝对不可能见识到的让人不可思议的魅力。这其中让人印象最为深刻的，应该就是那娇艳至极的颜色以及不可思议的形状了吧。有些种类的珊瑚，因其个性太过强烈可能不受欢迎，但喜欢这类珊瑚的人却被深深地吸引着，这就是珊瑚的魅力。

蓝色系照明下的小型花形珊瑚

家庭中再现珊瑚礁的乐趣

    对于养殖珊瑚而言，能在家中的水族箱内再现出遥远的海洋中广袤的珊瑚礁，想必就是它最大的魅力所在了吧。当你身心俱疲地回到家中，举目欣赏一下水族箱内的"珊瑚礁之海"，身心的疲惫肯定能得到一定的消解。用水族箱养殖珊瑚已成为一项时尚的休闲活动。

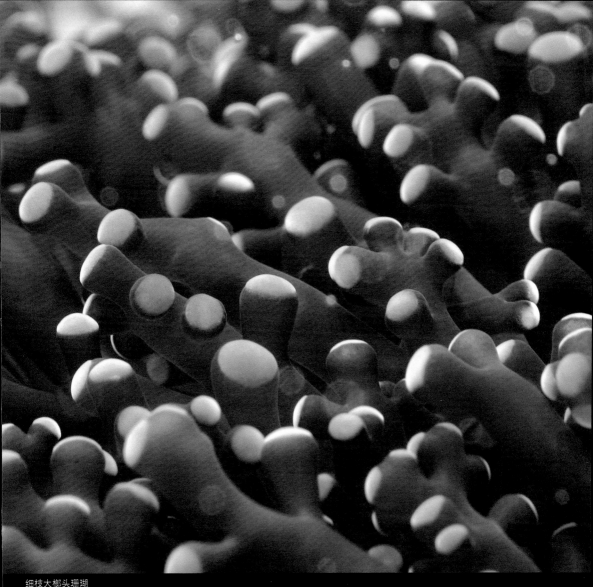

细枝大榔头珊瑚

有趣的水螅体形状

　　通常而言，人往往会被很少见到的或者形状异类的东西所吸引而不由自主地看得入神，在仔细观察的过程中又会逐渐地迷恋上所看的对象。水螅体如果以人的身体器官来形容，可看成是珊瑚的"手"或者"腕"，这种水螅体的大部分形状都非常有趣。上面的照片就是细枝大榔头珊瑚水螅体的放大图，如果把它给不了解珊瑚的人看，肯定猜不出是什么东西。如果有机会养殖珊瑚并能仔细观察时，请一定要凑近珊瑚进行超近距离观察，相信你一定会深深地迷恋上珊瑚水螅体那不可思议的形状的。

颜色为荧光绿的漂亮紫色花形海藻

多彩颜色之美

　　作为海产无脊椎动物的珊瑚拥有多种多样的颜色，其颜色之美有必要特别介绍一下。珊瑚的颜色虽然随着种类或个体的不同会有所差异，但其中漂亮的一类绝不会比陆地上植物所开的各种鲜花逊色。当然，并不是所有的珊瑚都具有特别漂亮的颜色，有时候即便是属于同一类型也会因为个体的生存环境不同而存在多种颜色，这也是珊瑚具有较高人气的原因之一。那些兼具漂亮与稀有两种特性的个体珊瑚，一般人很难得到，也正因如此才成为了众多珊瑚爱好者们共同追求的对象。

黄色水螅体

在流水中飘摇的水螅体

    在珊瑚的多种魅力中，让人无法忘怀的是水螅体那随着流水缓缓飘摇的情景。虽然海水的流动无法通过眼睛看出来，但珊瑚所拥有的大量水螅体会随着流水缓缓飘曳，通过这一现象便可以感受到海水的静与动。我们所看到的这种海水的流动与空气的流动有些相似却又不同，这是液体特有的一种缓缓波动。

万花筒珊瑚

在漂亮的活体珊瑚装饰性水族箱中游动的刀片鱼群

在活体珊瑚间畅游的火背仙和鬼王

珊瑚的基础知识

珊瑚的同类

　　珊瑚在生物学界被归类于近似水母的海洋无脊椎动物（珊瑚并不是植物而是动物）。在热带、亚热带区域的海洋中形成珊瑚礁的是具有坚硬骨骼的石珊瑚。如果把这类拥有坚硬骨骼的石珊瑚用一个容易理解的例子来进行描述，可以理解成在长期进化的过程中放弃在海中移动的自由以获取可以抵御外敌的坚硬骨骼的水母。珊瑚在定居海中岩石之前是呈漂游状态的卵幼体，只有在这一短暂时期内能够在海中移动。

珊瑚礁

　　热带海洋中广阔的珊瑚礁是经过反复的珊瑚成长—死骸堆积，这种循环逐渐形成的。换句话说，珊瑚礁上面活着的珊瑚正在不断地生长，同时在其下方以前的珊瑚死骸也在不断地堆积。

虫黄藻（zooxanthella）

　　事实上，在地球上的各种动物中珊瑚最大的特征是大部分珊瑚和体内的虫黄藻共生，这种虫黄藻通过自身能力利用光进行光合作用。虫黄藻是螺旋硬毛藻类中的单细胞藻类，寄生在珊瑚体内并将通过光合作用所吸收到的营养成分（一部分供自己使用）供给珊瑚。

喜阳性珊瑚与喜阴性珊瑚

　　水族箱养殖领域的分类方法是将拥有坚硬骨骼的珊瑚分为石珊瑚（造礁珊瑚类），将没有坚硬骨骼的珊瑚分为软体珊瑚（海蘑菇等）。这种粗略的珊瑚分类法主要是通过珊瑚是否拥有坚硬的骨骼来进行区分，但对于珊瑚养殖而言，还有另一种很重要的分类方法，那就是根据物种生存与生长中是否需要光来进行分类。珊瑚所属的种类不同，其对应的养殖方法也会有很大的差异。一般而言，石珊瑚系列中需要光的种类占多数，但软体珊瑚中需要光的种类也有很多（海蘑菇及海鸡头等）。对于生长中需要光的这一类珊瑚而言其体内必定有虫黄藻共生。另外即便是需要光的珊瑚，随着珊瑚种类的不同对光的依存度也会有很大的差异。鹿角珊瑚等造礁珊瑚就属于对光具有很强依赖性的一类。而从另一个角度来看，对于需要光的珊瑚而言，虽然不同种类会有一定的差异，但基本上都是只要有光照射就基本不需要什么饵料了。

造礁珊瑚因为体内有能够进行光合作用的虫黄藻共生，无法在光照射不到的深海领域生长

对高水温抵抗力较弱以至于白化并死去的珊瑚

　　与虫黄藻共生的鹿角珊瑚一旦周围海水水温高于30℃，体内的虫黄藻就会死掉并被排出体外，从而产生白化现象致使最终死掉。因此，养殖与虫黄藻共生的珊瑚最安全的做法就是将最高水温控制在28℃以下。

珊瑚礁变成了以小型鱼类为代表的众多生物的栖息场所［照片中是蓝绿光鳃雀鲷（学名：Chromis viridis）群］

在珊瑚水族箱中畅游的火焰神仙

第一章
喜阳性珊瑚

万花筒珊瑚

美丽鹿角珊瑚

Acropora formosa

美丽鹿角珊瑚。绿色的水螅体非常漂亮

　　一种拥有极具魅力的树状体的鹿角珊瑚。能形成巨大的树状群体。虽然要想培养成照片中那样的繁茂状态并非易事，但为了目睹它的芳容确实值得你去尝试。颜色类型有褐色、淡褐色、红褐色、紫色、蓝色等。

● 鹿角珊瑚科

● 栖息地：太平洋热带海域

● 养殖难度：难

● 照明：强光

● 水流：中度水流

● 适合养殖的水温：25~27℃

鹿角花珊瑚

Acropora nobilis

鹿角珊瑚的一种，拥有圆润且非常漂亮的鹿角般树状体。对于鹿角珊瑚爱好者而言，最为关注的想必就是珊瑚长大后该把它培育成什么样子。颜色类型有褐色、淡褐色、红褐色、紫色、蓝色等。

● 鹿角珊瑚科
● 栖息地：太平洋热带海域
● 养殖难度：难
● 照明：强光
● 水流：中度水流
● 适合养殖的水温：25~27℃

鹿角花珊瑚。高贵的紫色非常漂亮

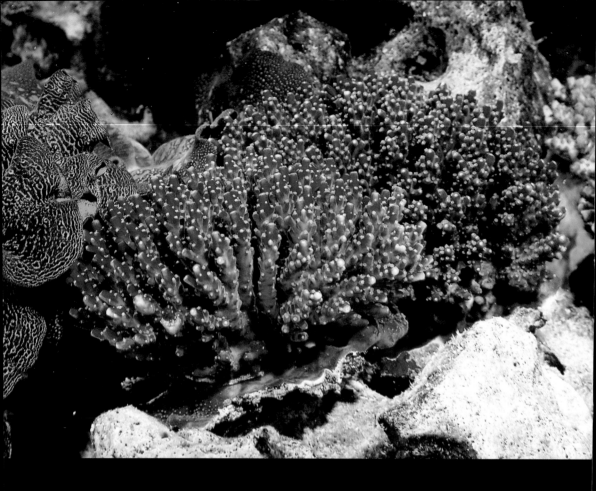

湛蓝鹿角珊瑚

Acropora nana

湛蓝鹿角珊瑚

　　拥有绚丽色彩的一种鹿角珊瑚。上图中珊瑚的小型水螅体为绿色。这类珊瑚生长最旺盛的部分会呈现出非常绚丽的色彩。枝头上的鲜艳的色彩表示它状态非常好。

- 鹿角珊瑚科
- 栖息地：太平洋热带海域
- 养殖难度：难
- 照明：强光
- 水流：中度水流
- 适合养殖的水温：25~27℃

芽状鹿角珊瑚

Acropora gemmifera

　　正如其名字所描述的那样，拥有拇指状又短又粗且十分壮实的枝头的一种鹿角珊瑚。这类珊瑚拥有相对较大的漂亮水螅体。在鹿角珊瑚科中因外形漂亮拥有了较高的人气，但养殖起来却不容易。和其他鹿角珊瑚一样，它对硝酸盐类的增加以及生存中所必需的微量元素的缺失比较敏感。珊瑚群体的颜色有褐色、红褐色、黄褐色、绿色等。进口量比较稳定，所以应该不难买到。关于这类珊瑚养殖中所需要的强光［通过金属卤化灯（Metal Halide Lamp）等提供］，推荐使用色温较高的蓝色球状灯，因为这样可以使珊瑚的颜色看起来更美。顺便提醒一下，有些商店的珊瑚虽然标着芽状珊瑚的名称，但有不少其实是与它外形很相似的另一种巨锥鹿角珊瑚。

● 鹿角珊瑚科
● 栖息地：冲绳以南
● 养殖难度：难
● 照明：强光
● 水流：强~中度水流
● 适合养殖的水温：25~27℃

盘枝鹿角珊瑚
Acropora latistella

　　是一种群体珊瑚。自然生长情况下这类珊瑚的群体为直径1m以上的圆桌形状。这类珊瑚能够培养成鹿角珊瑚爱好者喜欢的圆桌形状，故而拥有较高人气，但养殖起来比较困难。养殖这类珊瑚必须要用具备10000K（开尔文）照射能力的卤化金属灯泡等来进行照射（最好设置在光照充分的地方）。和其他鹿角珊瑚一样，它对硝酸盐类的增加以及生存中所必需的微量元素的缺失较敏感，因此自信心不足的人最好不要养殖。但如果是在其他鹿角珊瑚能够正常生长、水质干净的海水水族箱中养殖基本是没有问题的。另外在刚转移进水族箱时水流需要适当加强。这类珊瑚进口的群体颜色类型有绿色、绿褐色、黄褐色、蓝褐色等。

● 鹿角珊瑚科
● 栖息地：太平洋
● 养殖难度：难
● 照明：强光
● 水流：中度水流
● 适合养殖的水温：25~27℃

呈现绚丽色彩的粗野鹿角珊瑚

粗野鹿角珊瑚
Acropora humilis

黄色的珊瑚体非常漂亮，是一种鹿角珊瑚。能够让人联想到手指的枝丫成圆锥状生长。适合用色温高的卤化金属灯泡。●栖息地：太平洋热带海域。●养殖难度：难。●照明：强光。●水流：中度水流。●适合养殖的水温：25~27℃。

颗粒鹿角珊瑚
Acropora granulosa

鹿角珊瑚科。水螅体成筒状生长。整体呈圆桌形状。如果用强光照射，粉红的颜色会逐渐加深。●栖息地：太平洋热带海域。●养殖难度：稍难。●照明：强光。●水流：中度水流。●适合养殖的水温：23~26℃。

巨锥鹿角珊瑚
Acropora monticulosa

形状和名字一样，一种拥有绚丽颜色的鹿角珊瑚。枝丫为圆锥状，非常有趣。因其漂亮的颜色以及独特的形状而具有较高人气。●栖息地：太平洋热带海域。●养殖难度：难。●照明：强光。●水流：中度水流。●适合养殖的水温：25~27℃。

穗枝鹿角珊瑚
Acropora secale

细枝非常发达的一种鹿角珊瑚。大部分都具有粉红色或紫色等鲜艳的颜色。养殖时建议用稍强的水流，这样能让群体更加壮实。●栖息地：太平洋热带海域。●养殖难度：难。●照明：强光。●水流：中度稍强的水流。●适合养殖的水温：23~26℃。

深水鹿角珊瑚

Acropora suharsonoi

　　枝丫茂盛的树枝状珊瑚，特别吸引珊瑚爱好者。栖息地仅限于印度尼西亚巴厘岛附近的海域。一般栖息在水深15~35m的海底断崖（海底从浅滩开始急剧变深的部分。这一区域因饵料丰富而聚集了很多鱼类和浮游生物）。进口到日本的这类珊瑚在深水鹿角珊瑚中仅占百分之几，是数量极少且非常昂贵的珍稀品种。因其美丽且稀少，在珊瑚爱好者中具有超高人气（珊瑚爱好者通常用suharsonoi这个通用名来称呼）。

　　这类珊瑚主枝上基本不会横向长出小枝，一直朝上生长。颜色类型有淡褐色、淡黄色、茶色、淡茶色、淡黄绿色、淡蓝灰色等。购买时颜色多为淡褐色，但大多数转移到水族箱后颜色会发生变化。对水质的轻微恶化都很敏感，因此养殖起来很困难，需要始终保持干净的水质（硝酸盐基本为0，磷酸盐0.1ppm以下，硅酸盐也基本为0）。因为这类珊瑚的栖息场所较深、不需要用卤化金属灯等来发射高强光，所以在养殖困难的鹿角珊瑚中又被归为较易养殖的一类。只是这类珊瑚本来就很珍稀，在养殖中使用的方法稍有不当，几天内整个群体

强壮鹿角珊瑚
Acropora valida

鹿角珊瑚科。细小的枝丫成放射状笔直延伸并最终形成圆桌形状的一种鹿角珊瑚。这类珊瑚通体呈淡淡的绿色，非常漂亮。●栖息地：太平洋热带海域（冲绳以南）。●养殖难度：稍难。●照明：强光。●水流：中度水流。●适合养殖的水温：23~26℃。

多孔鹿角珊瑚
Acropora millepora

拥有细密枝丫的一种鹿角珊瑚。这类珊瑚的大部分命名与树相关。在海水中形体较大的个体算得上是海中的树。●栖息地：太平洋热带海域（庵美大岛以南）。●养殖难度：稍难。●照明：强光。●水流：中度水流。●适合养殖的水温：25~27℃。

宿雾岛蔷薇珊瑚
Montipora cebuensis

拥有叶状群体的蔷薇珊瑚，名字前被冠以菲律宾宿雾岛。表面凹凸不平、形状很有趣。●栖息地：中太平洋西区。●养殖难度：普通。●照明：强~中度光。●水流：中度水流。●适合养殖的水温：25~27℃。

就会死去，非常脆弱，养殖经验不足的人最好不要出手。

● 鹿角珊瑚科

● 栖息地：印度尼西亚，巴厘岛附近海域

● 养殖难度：难

● 照明：中~弱光

● 水流：弱~中度水流

● 适合养殖的水温：25~27℃

浅盘轴孔珊瑚

Acropora subulata

　　根据生长环境不同而具有圆桌状、圆形状等各种各样形状的群体珊瑚之一。学名即为流通名。此类珊瑚枝丫的成长因环境而异，其差异主要体现在长大后的群体外观上。虽然也会受环境的影响（特别是光照的强度与质量），但在养殖过程中各枝丫尖部颜色很容易变深，具有很好的观赏性，是一种能够带来养殖乐趣的珊瑚。另外随着光照强度及质量的变化（比如更换照明所用的灯泡等）大部分珊瑚群体整体颜色也会发生变化，有的时候甚至会导致珊瑚体质的自然恶化，因此平时要预备好性能良好的照明器具。因其对水质恶化非常敏感，养殖起来很困难。群体的颜色类型有淡褐色、桃色、紫色、蓝色、绿色等。

● 轴孔珊瑚科
● 栖息地：太平洋
● 养殖难度：难
● 照明：强光
● 水流：中度水流
● 适合养殖的水温：25~27℃

尖锐轴孔珊瑚
Acropora aculeus

枝丫成不规则分叉的群体珊瑚之一。在暗礁内较浅位置常见的品种。大型群体看起来像圣诞树一样。群体的颜色类型有淡紫色、淡褐色、淡黄褐色等。

- 鹿角珊瑚科
- 栖息地：冲绳以南
- 养殖难度：难
- 照明：强光
- 水流：中度水流
- 适合养殖的水温：25~27℃

飞廉鹿角珊瑚
Acropora carduus

拥有和水螅体搭配良好的筒状骨骼。此类珊瑚因类似种类很多，难以逐一命名，进口时常常将多个种类用同一个名字命名。●栖息地：太平洋热带海域。●养殖难度：难。●照明：强光。●水流：中度水流。●适合养殖的水温：25~27℃。

绿瓦片蔷薇珊瑚群体

绿瓦片蔷薇珊瑚

Montipora aequituberculata

　　在热带珊瑚礁纪录片中经常出现的一种造礁珊瑚。由此以珊瑚礁的形象深深地刻在人们的印象中且颇具人气。它属于体内拥有共生藻（虫黄藻）的造礁珊瑚，比较容易买到。叶状的群体在生长过程中不断成旋涡状重叠并最终形成其独特的形状。生长过程中强光是必不可少的，因此必须准备卤化金属灯等能够产生强光的昂贵照明器具。它和其他鹿角珊瑚一样，需要通过有效的过滤系统将水质维持在硝酸盐浓度趋近于0的状态。此类珊瑚在养殖困难的鹿角珊瑚中属于比较容易养殖的一类。如果是第一次养殖鹿角珊瑚科珊瑚的话，推荐养殖这一类。另外，由于此类珊瑚会受到蝴蝶鱼的攻击，因此不要将二者放在一起养殖。

● 鹿角珊瑚科
● 栖息地：太平洋西区
● 养殖难度：稍难
● 照明：强光
● 水流：弱~中度水流

可以在水族箱内进行养殖的瓦片蔷薇珊瑚中比较大的群体

颜色特别淡的瓦片蔷薇珊瑚群体

板叶雀屏珊瑚

Pavona decussata

　　从正上方向下看呈格子状的大型群体造礁珊瑚之一。自然生长状态下还可能长成直径达几米的巨型群体。在石珊瑚中虽然外观上不够华丽，但如此大型的群体放置在水族箱中能给人一种自然珊瑚礁的感觉，因此在高端珊瑚爱好者中颇具人气。颜色类型一般是褐色、淡褐色，也有绿色、绿褐色、黄褐色、红褐色等。上图中为直径约40cm的大型群体，但一般进口的都是叶状的小型群体。叶片的厚度约6mm，两面均有小水螅体的触手长出。这类珊瑚的大型群体在内部及下部容易堆积岩屑（来源于生物的有机质杂质），所以需要在水流上下工夫，并且在保养时将岩屑清理掉。

- 莲珊瑚科
- 栖息地：太平洋
- 养殖难度：难
- 照明：强光
- 水流：中度水流
- 适合养殖的水温：23~26℃

鹿角杯形珊瑚

Pocillopora damicornis

枝丫成树枝状分支，最终形成类似花一样的群体珊瑚。一般生活在浅海多种环境中。对高水温很敏感。此类珊瑚中颜色漂亮的群体具有很高的人气。群体颜色类型有褐色、红褐色、淡紫色、淡绿色等。

● 杯形珊瑚科

● 栖息地：太平洋

● 养殖难度：难

● 照明：强光

● 水流：强~中度水流

● 适合养殖的水温：23~26℃

柱状珊瑚

Stylophora pisillata

杯形珊瑚科。因其形状特别相似而有此命名。● 栖息地：太平洋热带海域。● 养殖难度：稍难。● 照明：强光。● 水流：中度水流。● 适合养殖的水温：23~26℃。

彩色的脑珊瑚

脑珊瑚

Trachyphyllia geoffroyi

  也被称做泡纹珊瑚。颜色类型很多，是人气非常高的石珊瑚。虽然颜色稀有的个体非常昂贵，但因为有很多专门收藏此类珊瑚的爱好者，听说一出现很快就会销售一空。在饵料方面比较好的喂食方式是将切细的甜虾、贝类的肉或者卤虫用大型玻璃吸管沿着中心部位进行少量的吹洒（一周1~2次左右）。颜色类型有红色、粉红色、橙色、紫色等，还有多种颜色混杂的彩色珊瑚。脑珊瑚是刺盖鱼及蝴蝶鱼喜欢的食物，容易被吃掉，因此只能和那些不会给珊瑚带来伤害的温和的鱼一同养殖。如果发现有攻击性的鱼，则应尽早将其转移到别的水族箱中。

● 脑珊瑚科
● 栖息地：太平洋西区
● 养殖难度：中度
● 照明：弱光~中度光
● 水流：弱水流
● 适合养殖的水温：24~27℃

彩色类型的脑珊瑚，红色与蓝色形成的强烈反差使得个体非常醒目

红色类型的脑珊瑚，给人一种朴实美的印象

深橙色的脑珊瑚

拥有细丝花纹的彩色类型脑珊瑚

红色和绿色的脑珊瑚

彩色类型的脑珊瑚，以此类颜色居多

绿色和红色的脑珊瑚

红色部分居多的彩色类型脑珊瑚

珍稀的黄色脑珊瑚

珍稀的绿色脑珊瑚，比较小的个体

鲜艳的绿色脑珊瑚，直径约25cm的大型群体

脑珊瑚属于能在海水水族箱中进行养殖的石珊瑚，直径可达10~20cm的较大型珊瑚。如果将绿色等颜色的漂亮个体导入到水族箱中将会起到很好的装饰效果，因此希望能充分活用到珊瑚水族箱中。与彩色类型相比，好像绿色类型更容易买到。

反差强烈的绿色脑珊瑚

个体比较大的绿色脑珊瑚

气泡珊瑚

Plerogyra sinuosa

通称气泡珊瑚，是很有名的石珊瑚。水螅体在全部伸开的状态下膨胀成球状，各水螅体看起来像水珠一样，其名称便由此而来。在石珊瑚中此类珊瑚属于比较容易养殖的一种，也适合推荐给养殖珊瑚的初学者。照明方面最好是偏明亮的照明。饵料方面一般将甜虾、贝类的肉或者块状食物等切细之后用大型玻璃吸管倒在水螅体的上部，之后珊瑚会慢慢将饵料吞食。颜色方面宝石绿等类型较多。另外一些膨胀成球状的水螅体均拥有一条横向花纹，看起来像猫的眼睛，故而又常常被珊瑚爱好者称为"猫眼"且很受重视，但进口量很少。这种特有的猫眼形状有时可能会随着养殖环境的变化而逐渐消退。

- 葵珊瑚科
- 栖息地：冲绳以南、太平洋西区
- 养殖难度：容易
- 照明：强~中度光
- 水流：弱水流
- 适合养殖的水温：25~28℃

被称为猫眼的气泡珊瑚

在进口的气泡珊瑚中偶尔会伴有一种被称为气泡珊瑚小虾的隐形虾隐藏在水螅体里面

泡纹珊瑚

Plerogyra lichtensteini

葵珊瑚科。与气泡珊瑚相似的石珊瑚。袋状小胞体很小、并不是水珠珊瑚那样的球状。●栖息地：冲绳以南、太平洋西区。●养殖难度：容易。●照明：中度光。●水流：弱水流。●适合养殖的水温：20~23℃。

伸出触手状态下的气泡珊瑚

整体为漂亮的粉红色的尼罗河珊瑚。非常稀有的漂亮个体

尼罗河珊瑚（喇叭珊瑚）

Catalaphyllia jardinei

最流行的一种石珊瑚。喇叭珊瑚是这类珊瑚的别称。饵料方面将甜虾、贝类的肉切成稍大的形状喂食比较好。这类珊瑚在状态好时会向左右伸展巨大的水螅体，所以在布局时需要考虑到尽量不要和其他珊瑚的触手接触。如果靠得太近，它就会通过那被称为"防御触手"的器官对其他珊瑚进行攻击，可能导致其他珊瑚变弱。虽然这种攻击具有一定的局限性，但如果这种状态一直持续下去的话，受到攻击的珊瑚就会不断变弱，因此要多加注意。一般与旁边的珊瑚保持约5~7cm以上的距离就没什么问题了。颜色类型很多，有粉红色、荧光绿色、黄褐色、白色、棕色，还有水螅体顶端为深粉红色、绿色的类型。不过，颜色漂亮的个体较少。

- 葵珊瑚科
- 栖息地：太平洋西区
- 养殖难度：稍难
- 照明：强光
- 水流：弱水流
- 适合养殖的水温：25~27℃

漂亮的荧光绿尼罗河珊瑚

通体白色的尼罗河珊瑚，体内的虫黄藻（Zooxanthella）
变少之后珊瑚体容易泛白

黄褐色的尼罗河珊瑚，进口比较稳定的品种

泛白的本体中掺杂着些许淡淡的荧光绿的尼罗河珊瑚

带有荧光绿花纹的尼罗河珊瑚

花瓶珊瑚

Euphyllia divisa

　　在进口量稳定的石珊瑚中比较流行的一种。水螅体较大，形状与花纹很漂亮，能给人带来养殖珊瑚的乐趣。此类珊瑚的水螅体随着海水流动而飘摇的姿态是最具魅力的部分。偶尔进口的颜色类型以淡褐色和褐色居多，也有不少荧光绿的珊瑚。其中荧光绿的珊瑚如果接受太强的光照会使本来很难得的绿色慢慢淡化，因此需要特别留意。最好放置在水族箱内稍深的位置或强光照射不到的地方。另外，这类珊瑚的水螅体形状很容易让人联想到"章鱼足珊瑚"，故而有时会被误称作"章鱼足珊瑚"，但这个称呼其实是指另一种珊瑚，很容易让人弄混，因此最好不要用这个称呼。

● 葵珊瑚科
● 栖息地：冲绳以南
● 养殖难度：普通
● 照明：弱光
● 水流：中度水流
● 适合养殖的水温：23~26℃

分支（枝头分叉）类型的细枝花瓶珊瑚（荧光绿类型）

淡褐色的细枝花瓶珊瑚

色调较深的荧光绿细枝花瓶珊瑚

大榔头珊瑚

Euphyllia ancora

　　一种触手顶部为独特的扁平状的石珊瑚。此类珊瑚的群体在自然生长情况下有可能长到好几米长。进口量比较稳定，颜色类型也比较多，特别是金属绿一类具有很高的人气。进口的珊瑚中也有枝丫较多的类型，但数量较少。在石珊瑚中属于比较受欢迎的一类，但它对水质的恶化很敏感（对硝酸盐等的增加具有较弱的抵抗力），能否保持良好的水质在很大程度上左右着此类珊瑚的生长状态。如果水族箱偏小或过滤能力不足时就需要提高更换海水的频率。与蝴蝶鱼同槽养殖时容易被吃掉，需要多加注意。不过小型刺盖鱼倒是基本不攻击这类珊瑚。

● 葵珊瑚科
● 栖息地：太平洋
● 养殖难度：稍难
● 照明：中度光
● 水流：弱水流
● 适合养殖的水温：25~27℃

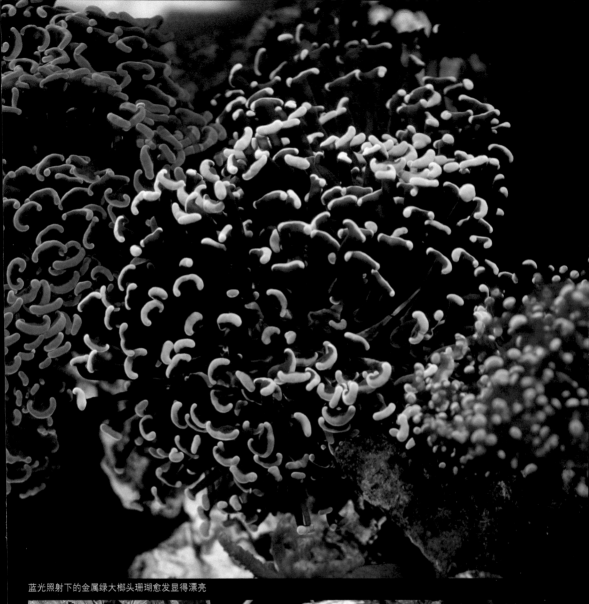

蓝光照射下的金属绿大椰头珊瑚愈发显得漂亮

深褐色的触手顶端变成金属绿的大椰头珊瑚

火炬珊瑚

Euphyllia glabrescens

进口量相对比较稳定且比较流行的一种石珊瑚。进口的颜色类型以灰褐色居多，偶尔也会有带荧光绿颜色的品种。这类珊瑚对水质的轻微恶化也很敏感，所以即便是状态很稳定的情况下也不能偷懒，要定期换水以持续保持良好的水质。照明以中~稍强程度为宜。

- 葵珊瑚科
- 栖息地：太平洋西区
- 养殖难度：普通
- 照明：中、稍强光
- 水流：中度水流
- 适合养殖的水温　25~27℃

进口量较少，触手为荧光绿的火炬珊瑚。这种颜色的个体在照明方面为了维持个体本身的颜色应尽量用偏弱的光照（蓝色系照明等）

脊珊瑚

Nemenzophyllia turbida

　　一种乍一看像香菇珊瑚的石珊瑚，拥有枝状的骨骼（分支类型），一般从印度尼西亚进口，颜色类型有淡褐色、褐色、白色、荧光绿（进口极少）等。此类珊瑚身体相对壮实，养殖起来比较容易，但对高水温抵抗力差，所以必须用上水族箱专用冷却器。在状态好时水螅体会涨得很大（大约有蜷缩状态的3倍大小），因此在布局时为避免与旁边的珊瑚相接触应尽量将间隔加大。饵料方面需将甜虾或贝类的肉、卤虫等肉食饵料切细，然后用大型玻璃吸管放到各珊瑚的上部。喂食周期一般以一周1~2次为宜。

● 葵珊瑚科

● 栖息地：印度尼西亚~新几内亚

● 养殖难度：比较容易

● 照明：中度光

柱形管孔珊瑚

Goniopora columna

水螅体伸展时相当长，而众多伸开的水螅体随着水流飘摇的姿态便构成了这类珊瑚最美的风景。这类珊瑚喜欢明亮的环境。虽然生长过程中所必需的成分主要依靠虫黄藻提供，但还需要一周喂1~2次肉质饵料。

● 孔珊瑚科

● 栖息地：太平洋热带海域

● 养殖难度：比较容易

● 照明：强光

● 水流：中度水流

● 适合养殖的水温：23~27℃

汇集了各种管孔珊瑚的水族箱

万花筒珊瑚
Goniopora stokesi

微孔珊瑚科。大部分从印度尼西亚进口的管孔珊瑚都是这一种。其中多半拥有半球状骨骼。和其他类型的管孔珊瑚相比它的水螅体要长很多，故而通称为"管孔·长水螅体"。●栖息地：冲绳以南的太平洋热带海域。●养殖难度：稍难。●照明：强光。●水流：中度水流。●适合养殖的水温：23~26℃。

圆孔状管孔珊瑚
Goniopora tenuidens

管孔珊瑚科。最大的特征在于触手的顶部像被修剪过一样短而齐。颜色以黄褐色和绿色居多，但偶尔也会进口红色或橙色的品种。●栖息地：冲绳以南的太平洋热带海域。●养殖难度：稍难。●照明：强光。●水流：中度水流。●适合养殖的水温：23~26℃。

日本汽孔珊瑚

Alveopora japonica

　　上图所展示的是颇具人气的绿色品种，下一页所展示的褐色品种属于常规品种。日本汽孔珊瑚是生长在本州沿岸（千叶县以南）的一种石珊瑚，通常不会在店里销售。汽孔珊瑚看起来和管孔珊瑚很像，但管孔珊瑚有24根水螅体触手，而汽孔珊瑚只有12根，因此很容易进行区分。绿色的泡沫珊瑚在蓝色系荧光管的照射下更容易维持漂亮的颜色。如果用卤化金属灯一类的强光照射的话会很快变成茶色的水螅体，因此需要特别注意。另外，蝴蝶鱼和刺盖鱼都喜欢吃这类珊瑚，因此一定不能将它们在同一个水族箱内混养。

- 管孔珊瑚科
- 栖息地：太平洋
- 养殖难度：比较难
- 照明：中度光
- 水流：中度水流
- 适合养殖的水温：20~23℃

红色和绿色的双色河谷脑珊瑚

河谷脑珊瑚

Symphyllia valenciennesii

绿色类型

属于石珊瑚中比较流行的品种。进口量也很大。此类珊瑚的颜色有褐色、红色、红褐色、绿色等类型。要想维持绿色个体的漂亮荧光色最好使用蓝色系照明。偶尔也会进口其他亮色系的红色和绿色双色品种。

● 褶叶珊瑚科

● 栖息地：太平洋

● 养殖难度：普通

● 照明：中度光

● 水流：中度水流

● 适合养殖的水温：25~27℃

布局在水族箱底部的绿色河谷脑珊瑚

红褐色品种

绿色品种

水晶脑珊瑚

Cynarina lacrymalis

　　这类珊瑚在白天会将海水吸入体内并膨胀，给人一种胖嘟嘟的感觉，非常有趣。而到了晚上又会伸出触手来摄取食物。但是如果在白天频繁地少量喂食，使它习惯之后也会伸出水螅体。蝴蝶鱼和刺盖鱼有时会吃这类珊瑚，因此将它们同槽养殖时要特别注意。颜色方面除了褐色、白色之外还有绿色、红色等多种类型。嘴比较大且状态良好的个体食欲相当旺盛，甚至可以吞下磷虾类大小的饵料。但饵料投放过多则会导致水质恶化，需要特别注意。此类珊瑚在夜间伸出的触手拥有毒性很强的刺胞，因此在布局时应尽量不要和其他类型的珊瑚靠得太近。

- 褶叶珊瑚科
- 栖息地：太平洋
- 养殖难度：普通
- 照明：弱~中度光
- 水流：弱水流
- 适合养殖的水温：25~27℃

粉红色的水晶脑珊瑚。此类
珊瑚透明度较高，那些颜色
漂亮的个体能给人带来梦幻
般的美感

绿色的水晶脑珊瑚

红色的水晶脑珊瑚

黄绿色的水晶脑珊瑚

将海水吸入体内致使膨胀后的水晶脑珊瑚

大花脑珊瑚

Blastomussa wellsi

　　此类珊瑚的形状及大小特别适合珊瑚装饰性水族箱，因而具有很高的人气。它的共肉膨胀后看起来很像香菇珊瑚（一种没有骨骼的软体珊瑚）。对共生藻的依存度较低，需要定期频繁地喂食。颜色类型有褐色、绿色、暗绿色、橙色、红色等，其中还有嘴部颜色不同的群体，虽然数量很少但也有进口。

橙色品种

紫色和绿色双色品种

橙色和绿色双色品种

红色品种

峇里脑珊瑚

Acanthastrea lordhowensis

在人气很高的珊瑚中属于进口相对稳定的一类，因而比较容易买到。在刚转移进水族箱时适宜用稍强的水流。颜色类型有褐色、绿色、深绿色、橙色、红色等。也进口一些单色以外的个体。

- 褶叶珊瑚科
- 栖息地：太平洋
- 养殖难度：稍难
- 照明：中度光
- 水流：弱~中度水流
- 适合养殖的水温：23~26℃

绿色品种

橙色和绿色条纹状品种

橙色和绿色条纹状品种

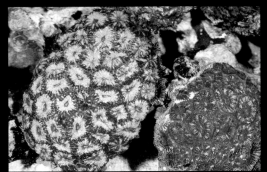

峇里脑珊瑚的相似品种（橙色和绿色双色品种）

石花菜峇里脑珊瑚
Acanthastrea amakusensis

　　拥有特色花纹的一种菊目石珊瑚。珊瑚个体的直径为7~8mm。群体相对偏小且整体呈圆顶状。在菊目石珊瑚中外观相似的种类很多，大部分都难以识别，但此类珊瑚的个体呈多角形，给人一种棱角感，同时荚的中心部位与周围颜色不同，通过这一类特征便可识别出来。颜色类型有绿色、绿褐色、白色、橙色、红色、茶色等。在喂食方面需用玻璃吸管将切碎的动物肉质饵料轻轻地吹到各珊瑚表面。不过，要注意不能因为喂食过多而导致水质恶化。喂食时间间隔以每周2~3次为宜。

● 褶叶珊瑚科
● 栖息地：太平洋
● 养殖难度：稍难
● 照明：中度光

富士脑珊瑚

Scolymia australis

上面两张照片就是富士脑珊瑚，绿色和红色的漂亮珊瑚

　　白天会膨胀得很大的一种珊瑚。颜色漂亮的品种进口量相对比较多（虽然漂亮的品种往往很昂贵），它能带来选择时的乐趣。颜色类型有绿色、褐色、红色等。蝴蝶鱼和刺盖鱼喜欢吃这类珊瑚，因此一定不能将它们混在同一个水族箱内养殖。另外，如果发现珊瑚多次受到小型刺盖鱼的攻击，最好将它们分离开来。

● 褶叶珊瑚科
● 栖息地：太平洋热带海域
● 养殖难度：普通
● 照明：中度光
● 水流：弱~中度水流
● 适合养殖的水温：25~27℃

圆形脑珊瑚

Lobophylia corymbosa

群体为半球状。珊瑚个体直径约为2cm。如果遇到周围变暗，珊瑚体中央部分就会突出来并伸出触手。养殖不是很难。群体的颜色类型有褐色、黄褐色、绿褐色、红褐色、荧光粉色等。每周至少需要喂食1~2次，最好将甜虾等饵料切成小块再喂。此类珊瑚状态好时食欲很旺盛，会吃掉很多饵料。不过虽然吃得多有好处，但喂食过多又会导致水质恶化，因此要适可而止。此类珊瑚进口比较稳定，因此应该不难买到。

● 脑珊瑚科
● 栖息地：太平洋
● 养殖难度：普通
● 照明：强~中度光
● 水流：弱~中度水流
● 适合养殖的水温：23~26℃

翼形角星珊瑚
Goniastrea pectinata

菊珊瑚科。以荚壁和口盘颜色不同的类型居多的一种菊珊瑚。光照越明亮生长就越健康。●栖息地：日本千叶县以南。●养殖难度：稍难。●照明：强光。●水流：强水流。●适合养殖的水温：20~25℃。

畦状龟甲菊珊瑚
Goniastrea austrariensis

菊珊瑚科。此类珊瑚最大的特征是荚壁（较粗的网络状部分）厚且壮，属于菊珊瑚科中身体壮硕，容易养殖的一类。●栖息地：太平洋。●养殖难度：稍难。●照明：强光。●水流：强水流。●适合养殖的水温：20~25℃。

小圆形菊珊瑚
Plesiastrea versipora

菊珊瑚科。一种每个珊瑚个体都很小的菊珊瑚。一般以褐色群体居多，偶尔进口一些漂亮的金属绿群体。圣诞树虫喜欢钻到这种珊瑚里面。●栖息地：日本千叶县以南。●养殖难度：稍难。●照明：强光。●水流：强水流。●适合养殖的水温：20~25℃。

束状珊瑚

Caulastrea tumida

通体绿色的束状珊瑚

进口的品种大多是由圆筒状的珊瑚个体汇集而成的半球状珊瑚。在菊珊瑚科中属于身体壮硕的一类，养殖相当容易。颜色有褐色、黑绿色、黄绿色等。荧光色品种的进口量极为稀少。

- 菊珊瑚科
- 栖息地：太平洋
- 养殖难度：比较容易
- 照明：中度光
- 水流：弱水流
- 适合养殖的水温：23~27℃

叉枝干星珊瑚

Caulastrea furcata

　　石珊瑚中进口量比较少的品种。群体呈树枝状生长，水螅体之间间隔较大。此类珊瑚身体健壮，容易养殖。体形方面比束状珊瑚小。它和束状珊瑚一样不太喜欢强光，因此最好不要放置在卤化金属灯的正下方。在喂食时最好使用玻璃吸管将切碎后的动物肉质饵料轻轻地吹到珊瑚上面。颜色类型有黄褐色、褐色、绿色、淡紫色等。

● 菊珊瑚科

● 栖息地：冲绳以南

● 养殖难度：比较容易

● 照明：中度光

● 水流：中度~弱水流。不过在刚转移进水族箱中时水流应稍强一些。这与其他珊瑚转移进
　　水族箱的做法一样，通常在刚转移进去的短时间内都要用稍强的水流，这样就能让珊瑚更
　　快地适应新环境

大圆盘珊瑚

Turbinaria peletata

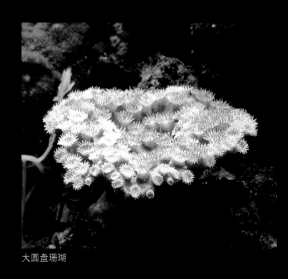

大圆盘珊瑚

　　一般进口较多的是表面平坦，中央部位凹陷并呈圆桌状的个体。水螅体伸展较好。凹陷部位容易形成垃圾堆积，如果不处理的话共肉就可能变少，因此需要多加注意。颜色方面也有金属绿的群体，但进口极为稀少。

● 树珊瑚科
● 栖息地：太平洋
● 养殖难度：比较容易
● 照明：中度光
● 水流：弱水流
● 适合养殖的水温：25~27℃

丛生盔形珊瑚
Galaxea fascicularis

枇杷珊瑚科。拥有鲜花状骨骼的珊瑚。在夜间会伸出用于攻击的强力触手，因此在布局时要与其他珊瑚保持一定的距离（15cm以上）。●栖息地：太平洋西区。●养殖难度：稍难。●照明：中度光。●水流：中度水流。●适合养殖的水温：23~25℃。

角珊瑚
Hydnophora pilosa

角珊瑚科。用有鲜花状骨骼的珊瑚。在夜间会伸出用于攻击的强力触手，因此在布局时要与其他珊瑚保持一定的距离。●栖息地：太平洋西区。●养殖难度：普通。●照明：强光。●水流：中度水流。●适合养殖的水温：20~25℃。

细枝角珊瑚
Hydnophora pilosa

涟漪珊瑚科。与鹿角珊瑚非常相似但不是鹿角珊瑚，属于涟漪珊瑚科。喜欢水流较弱的环境。●栖息地：太平洋。●养殖难度：稍难。●照明：强光。●水流：稍弱的水流。●适合养殖的水温：25~27℃。

宝石海葵珊瑚
Corynactis aff.viridis

无骨珊瑚科。因为没有骨骼看起来像海葵一样。●栖息地：本州中部~北部。●养殖难度：稍难。●照明：中度光。●水流：稍弱的水流。●适合养殖的水温：18~20℃。

长须飞盘珊瑚

Heliofungia actiniformis

橙色飞盘珊瑚

Cycloseris sp

拥有圆形骨骼的单体性珊瑚。图中为水螅体伸出后的状态。颜色类型为褐色，另外也有荧光绿等颜色。●栖息地：太平洋西区。●养殖难度：稍难。●照明：稍强的光。●水流：中度水流。●适合养殖的水温：25~27℃。

拥有圆形骨骼的单体珊瑚。它的触手在蕈珊瑚中出奇的大，非常值得一看。触手顶端轻微膨胀并呈白色状。不过此类珊瑚在石珊瑚中属于体力较小的一类，很容易因水质恶化而出现状态下滑。

● 蕈珊瑚科
● 栖息地：冲绳以南、太平洋西区
● 养殖难度：难
● 照明：强光
● 水流：中度水流
● 适合养殖的水温：25~27℃

波莫特蕈珊瑚
Fungia paumotensis

拥有圆形骨骼的单体性珊瑚。图中为水螅体伸出后的状态。颜色类型为褐色，另外也有荧光绿等颜色。●栖息地：太平洋西区。●养殖难度：稍难。●照明：稍强的光。●水流：中度水流。●适合养殖的水温：25~27℃。

石芝珊瑚
Fungia fungites

拥有圆形骨骼的单体性珊瑚。触手较短且很稀疏。颜色类型为褐色，也有绿色等颜色。●栖息地：太平洋西区。●养殖难度：稍难。●照明：中度光。●水流：中度水流。●适合养殖的水温：25~27℃。

飞盘珊瑚
Fungia sp.

拥有圆形骨骼的单体性珊瑚。触手较短且很稀疏。颜色类型为褐色，也有绿色和橙色等颜色。●栖息地：太平洋西区。●养殖难度：稍难。●照明：中度光。●水流：中度水流。●适合养殖的水温：25~27℃。

锯齿状长须石珊瑚
Fungia valida

一种看起来非常具有魅力的长须珊瑚。适合在明亮的环境中养殖。●栖息地：冲绳以南。●养殖难度：稍难。●照明：强光。●水流：中度水流。●适合养殖的水温：25~27℃。

多叶珊瑚
Polyphyllia talpina

体形修长的群体性珊瑚。表面会伸出短短的触手。适合在明亮的环境中养殖。●栖息地：冲绳以南。●养殖难度：稍难。●照明：强光。●水流：中度水流。●适合养殖的水温：25~27℃。

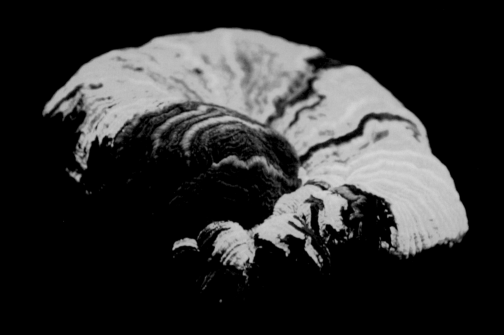

荧光色珊瑚与黑光

所谓的黑光是指不发射可视光线而只发射紫外线的荧光管所发出的光。黑光在开灯状态下也基本看不清楚，但对那些拥有荧光物质的对象而言，如用特殊的荧光笔写的文字等，使用黑光照射就能使荧光部分呈现出非常独特的颜色。

对于脑珊瑚等拥有荧光色的个体，当其他照明都关闭后，用黑光照射就能让珊瑚的荧光色部分在黑暗之中闪耀出妖艳的色彩，给人一种梦幻般的感觉，非常好玩。

一般黑光的荧光管在大型电器店都有销售，很容易买到，如果要想稍微改变一下珊瑚的欣赏方法，不妨买一根备用。

当那些不太了解珊瑚的朋友来做客时，通过黑光把珊瑚梦幻般的姿态展示出来，相信也会让朋友对珊瑚产生兴趣的，说不准又一个珊瑚爱好者就这样诞生了呢！

第二章
喜阴性珊瑚

长长的触手随着水流摇动的花筒状珊瑚

章鱼足珊瑚

Rhizotrochus typus

　　虽然它看起来像海葵一样，但其实是一种具有坚硬骨骼的石珊瑚（单体性珊瑚）。它是各种喜阴性珊瑚之中人气最高的品种之一。因分类法的修正，这类珊瑚的学名与日文名产生变更，变为章鱼足珊瑚（在本书中一般采用"章鱼足珊瑚"这一广泛使用的名称）。此类珊瑚本体体形较大并且水螅体较长，当直径达到10~15cm时会变得很大，它的全开状态将是水族箱内一道相当吸引人的美景。颜色类型有红色、粉红色、白色、黄色、黄绿色等。其中黄色个体特别珍稀。

　　养殖方面必须使用水族箱专用的冷却器来维持20~23℃的水温（一旦超过这个水温珊瑚就会死去）。在转移进水族箱后，应将水流稍微加强一点。此类珊瑚与其他喜阴性珊瑚一样体内完全没有虫黄藻，无法通过虫黄藻获取生存及生长所需的养分，因此如果得不到食物的话，就会逐渐瘦下去直至死亡。因此，在此类珊瑚的水族箱养殖中，喂食频率至少要保证每周2~3次，并且最好将甜虾等切碎后再喂。（转82页）

白色的章鱼足珊瑚

中心部分呈红紫色的章鱼足珊瑚。

　　（接80页）此外在养殖中频繁喂食容易导致水质变差，因此如何对水质进行管理以保证水质不被吃剩的饵料污染就变得非常重要了。过滤系统也需准备过滤能力稍强或能力稍微过剩的过滤器。适合养殖的温度为20~23℃，所以希望能准备好水族箱专用的大功率冷却器。

　　章鱼足珊瑚在日本国内的水族馆中有过成功繁殖的范例，据说当时珊瑚往水中一次性排出了大量直径约1mm的卵子，整个水族箱都变得相当浑浊。工作人员把这些卵子打捞起来进行培养，一年后便长成骨骼直径为2~3cm的珊瑚了。

● 树珊瑚科

● 栖息地：太平洋

● 养殖难度：稍难

● 照明：因体内没有进行光合作用的虫黄藻，故而不需要光（观赏时需要照明）。在照明方面因为观赏方式会随着珊瑚所接受的照明不同而有所差异，一般都根据各人的爱好来选择

● 水流：中度水流

● 适合养殖的水温：20~23℃

章鱼足珊瑚与蓝新娘幼鱼

触手为黄色，其他部分为红色的稀有彩色章鱼足珊瑚。
这类体内没有虫黄藻共生的珊瑚在生长过程中不需要
光，其体色是由何种要素所决定的至今仍是一个谜。像
这种拥有珍稀颜色的个体具有很高的人气，故而其价格
比一般的彩色个体要高出很多，但由于特别稀少，一出
现立即就会被买走

全身呈淡淡的粉红色的章鱼足珊瑚（有时在海水鱼销售店也会当作白色品种来销售）。因其颜色比较稀有而具有较高人气。这种近似于常规红色的深粉红颜色个体魅力十足，而且当很多个体的水螅体像花一样盛开时，加上中间夹杂的一些白色个体，便构成了一道相当具有吸引力的风景。这种景象就像深粉色花田中盛开了一轮白花一样美丽

豌豆树珊瑚
Dendrophyllia cylinndrica
与十字树珊瑚非常相似的树珊瑚。常常被当做十字树珊瑚进行流通。养殖方面和十字树珊瑚保持一样就行。它属于夜行性动物，漂亮的水螅体一般在晚上才会盛开。●栖息地：太平洋。●养殖难度：稍难。●照明：不需要光（观赏时需要照明）。●水流：强~中度水流。●适合养殖的水温：20~25℃。

十字树珊瑚

Dendrophyllia arbuscula

枝丫与树干基本垂直，整体成树枝形状的独特树珊瑚。触手全开时非常漂亮。一般在购买树珊瑚时应尽可能选择状态好的个体，因为这对今后体形的大小有很大的影响，对于那些共肉较少的个体最好不要购买。因为是夜行性动物，在刚转移进水族箱时，不到晚上，漂亮的水螅体就不会展开，但只要肯坚持喂食就能让它在饵料所散发出的香味的诱惑下在白天展开水螅体。此外喂食频率需保证每周至少3次，是一种喂食比较费时的生物。

●树珊瑚科

●栖息地：太平洋

●养殖难度：稍难

●照明：弱光（因体内没有进行光合作用的虫黄藻，所以照明也仅是用于观赏而已。在荧光灯方面如果使用能让红色更加鲜艳的观赏鱼专用荧光管灯泡，则会更加突出红色调，看起来相当漂亮）

●水流：中度水流

●适合养殖的水温：20~23℃

十字树珊瑚

花筒珊瑚

Balanophyllia ponderosa

　　虽然是单体性树珊瑚，但一般也有2~3个以上的个体固定在一起。这种珊瑚在水螅体全开状态时具有很高的欣赏价值，因而有很高的人气。虽然白天水螅体一般不会伸开，但只要将切碎后的甜虾等饵料轻轻地放到它嘴边，就能通过饵料的香味将水螅体引诱出来，而且只要坚持这样的喂食方式，就能让很多水螅体都伸展开来。不过如果水质不够干净会导致珊瑚状态变差，任你用什么样的香味来引诱也无法让水螅体展开，因此要特别注意尽量不要有吃剩的饵料，以免污染了水质。这种花筒珊瑚很漂亮，但养殖也很费时间（特别是喂食）。

● 树珊瑚科
● 栖息地：太平洋
● 养殖难度：稍难
● 照明：因体内没有进行光合作用的虫黄藻，所以不需要光（照明仅用于观赏）
● 水流：中度水流
● 适合养殖的水温：23~25℃

多个花筒珊瑚在水螅体全开的状态时具有很高的观赏价值

触手稍微伸出时的花筒珊瑚。如果能维持
海水的干净并持续喂食就能让珊瑚状态变
得更好，其触手也会伸得越开

花筒珊瑚的嘴的特征是纵向偏长，在喂食
时一般用镊子轻轻地将饵料放到嘴边

炮仗花珊瑚

Tubastrea sibogae

　　属于体内完全没有虫黄藻共生的喜阴性珊瑚。因为不能和喜阳性珊瑚一样接收来自虫黄藻光合作用所产生的营养成分，所以至少每周喂食3次。喂食时需要先将新鲜的甜虾等动物肉质饵料切碎，然后浸渍在无脊椎动物专用营养剂中进行冷藏，最后才能喂。炮仗花珊瑚因为属于夜行性动物，水螅体均在夜间展开。因此在它熟悉新环境并能在白天展开水螅体之前以夜间喂食为宜。炮仗花珊瑚是喜阴性珊瑚中最受欢迎的品种，因此很难买到，但如果是共肉较少的个体最好也不要购买。

● 树珊瑚科

● 栖息地：太平洋

● 养殖难度：稍难

● 照明：因体内没有进行光合作用的虫黄藻，所以不需要光（照明仅用于观赏）

● 水流：中度水流

● 适合养殖的水温：20~25℃

集束炮仗花珊瑚
Tubastrea sibogae

酷似炮仗花珊瑚的树珊瑚。它们之间的差异点在于共有骨骼不是横向而是朝上生长。市场上大多都被当作炮仗花珊瑚。养殖方法参照炮仗花珊瑚。●栖息地：本州中部以南。●养殖难度：稍难。●照明：不需要光（照明仅用于观赏）。●水流：强~中度水流。●适合养殖的水温：20~25℃。

南洋树珊瑚
Tubastraea nicrantha

大多栖息在热带的树珊瑚，是从印度尼西亚进口的。水螅体比较黑，因此适合放在橙色树珊瑚之间。●栖息地：印度洋、太平洋热带海域。●养殖难度：稍难。●照明：不需要光（照明仅用于观赏）。●水流：强~中度水流。●适合养殖的水温：20~23℃。

大枝树珊瑚
Dendrophyllia coccinea

是一种群体树珊瑚，群体高约10cm。珊瑚本体颜色一般是粉红色，但也有橙色。养殖水温在25℃以下。●栖息地：本州中部以南。●养殖难度：稍难。●照明：不需要光（照明仅用于观赏）。●水流：强~中度水流。●适合养殖的水温：20~25℃。

大炮仗花珊瑚
Dendrophyllia coarctata

为人所知的名字是"大炮仗花"。群体和炮仗花一样，一般是橙色，也有少量泛白的粉红色。●栖息地：太平洋。●养殖难度：稍难。●照明：不需要光。●水流：强~中度水流。●适合养殖的水温：20~23℃。

通体黄色的炮仗花

盐釜珊瑚

Oulangia stockesiana miltoni

一种栖息在深海冷水水域的珍稀小型珊瑚。独立并顽强地附在海中的岩石上生长。因为生长在较深的海中（水深15m以下），养殖过程中必须要维持20℃左右的水温，因此水族箱专用冷却器是不可缺少的装备。由于此类珊瑚骨骼直径很小，只有1cm左右，非常适合养殖在小型海水水族箱中。此外这种珊瑚喜欢生活在水流适当的环境中，如果水流太强，它的体形就会变小，容易翻倒，所以要多花工夫以防止珊瑚翻倒。这种珊瑚属于在观赏鱼销售途径中流通较少的一类，很难买到。颜色类型有绿色、蓝色、透明色等。

●盐釜珊瑚科

●栖息地：太平洋

●养殖难度：稍难

●照明：弱光

●水流：弱~中度水流

●适合养殖的水温：18~23℃

拥有圆柱形骨骼

新野章鱼足珊瑚

Phizotrochus niinoi

不会形成群体的单体性珊瑚。颜色类型很多。直径约1.5~2.0cm，在
海水鱼的进口渠道中基本没有。●栖息地：太平洋。●养殖难度：
稍难。●照明：弱光。●水流：中度水流。●适合养殖的水温：
20~23℃。

佛手珊瑚

Caryophyllia jogashimaensis

不会形成群体的单体性珊瑚。栖
息在水深20m以上的深海海域。
颜色类型很多，直径约2cm。由
于体形较小、很适合在小型水族
箱中养殖。在海水鱼的进口渠
道中比较少见。●栖息地：本
州中部~南部。●养殖难度：稍
难。●照明：弱光。●水流：
弱水流。●适合养殖的水温：
18~20℃。

小丑鱼在水族箱内的繁殖

    在以珊瑚为中心布局的海水水族箱中，最受欢迎的观赏鱼应该就是小丑鱼了吧。这主要是受到电影《海底总动员》（finding nemo）的影响，为了满足一些家庭，特别是小孩子的需求，被称为"尼莫"的小丑鱼开始大量引入到海水水族箱中。这种小丑鱼本来是栖息在各类海葵周边而不是珊瑚周边的，因为水族箱内没有海葵，便选择其代替品——大型珊瑚的水螅体作为栖息地。此类小丑鱼如果能健康成长，大部分在长大成熟后都会配对并在其栖息的海葵所处的岩缝内产下大量黄色的卵进行繁殖。在以前即便鱼卵孵化成功，但由于无法准备幼鱼食用的饵料导致不能成功繁殖，如今网上有很多幼鱼可以食用的小型鲜活饵料销售，很容易买到，所以成功实现小丑鱼繁殖的人也越来越多。

第三章

软体珊瑚与海产
无脊椎动物

颜色漂亮的天鹅绒棘鸡头

拥有绢纹的缨鳃虫

环形动物

缨鳃虫——让水族箱大放异彩的大朵花

　　缨鳃虫是环形动物中的一种，它展开的鳃冠的形状如同花一样，故而拥有很高的人气。此类品种的特征是居住在自身创造的具有柔软性的管中，当感知到外在的危险时能够立即将身体隐藏到管中。另外，它的鳃冠具有"鳃"的呼吸功能和捕食水中漂浮的浮游生物等饵料的功能。此类漂亮的鳃冠有一种习性，就是会因为受到环境的急剧变化或者水质的恶化等外部压力而自行切掉鳃冠（称为自切）。缨鳃虫将鳃冠自切后会掉到水底，一看就知道了。自切后的缨鳃虫只要本体粗大的五块状部分不死，经过几个月之后鳃冠就又会像以前一样再生出来（再生的鳃冠初期较小）。这种再生鳃冠大部分与原来的鳃冠纹路有所差异（有时也会比以前的鳃冠更加漂亮）。

拥有坚硬管的缨鳃虫因其坚硬的管是一大特征故而通常被称为"硬管"

缨鳃虫（双色）

sabella fusca

拥有极高人气的缨鳃虫。鳃冠颜色鲜艳（以红色及黄色居多），故而非常醒目。这类品种的鳃冠中色彩变异较多。如果水质恶化则会自切鳃冠，因此要特别注意。●栖息地：印度洋、太平洋西区。

圣诞树管虫
Spirobranchus giganteus

缨鳃虫中的一种，当身体感知到危险时会立即附在栖管上的壳盖上以此来保护身体。鳃冠颜色类型有很多，属于集体群居物种，因外表漂亮而具有很高的人气。饵料以液体类型为宜。●栖息地：太平洋。

印度光缨虫
Sabellastarte indica

●印度光缨虫是很普遍的品种。这个品种在状态好时鳃冠会慢慢地展开变大。●栖息地：印度洋

缨鳃虫居住的管比较柔软，容易被蟹或者寄居蟹所吃掉，因此需注意。而要防止这种事情发生，要将管的部分埋进砂子中或者给岩石开圆孔并将管的部分嵌进洞中，这样就很难被吃掉了。

在喂食方面，因为在珊瑚水族箱中的缨鳃虫会经常摄取漂在水中的微生物，所以即便不给它喂食也不至于很快就饿死。但与海洋相比水族箱内漂浮的微生物明显要少很多，因此尽量保持一周喂1~2次海产无脊椎生物专用液体状饵料，同时需注意不要让水质恶化。

莲花管虫（粉红）
Chone sp

拥有螺旋状鳃冠的缨鳃虫。鳃冠以粉红色和白色，红色和白色的斑状花纹类型居多。进口比较稳定，所以不难买到。●栖息地：太平洋西区。

圣诞树管虫的放大照片。小型鳃冠为旋涡状，一看就能辨别

丛生管虫
Bispira brunnea

丛生管虫中漂亮的紫色品种。因此类小型缨鳃虫味道比较好，容易被蟹及大鱼吃掉，需多加注意。●栖息地：加勒比海。

旋风管虫
Protula sp

经常从印度尼西亚进口的大型管虫。鳃冠较大，非常醒目，具有很高的人气。颜色类型有红色、橙色、黄色、白色等。●栖息地：印度洋、太平洋西区。

旋风管虫中的白色品种。虽然不是很华丽，但却有一种高贵的美

椰树管虫
Protula magnifica

拥有豪华鳃冠的管虫。因非常醒目而具有较高人气，价格也比较高。鳃冠的颜色还有白色以及淡橙色等。
●栖息地：印度洋、太平洋西区。

热带椰树管虫
Protula bispiralis

拥有大型华丽鳃冠的椰树管虫。因非常醒目而具有很高的人气，但进口量很少，所以这个品种比较昂贵。
●栖息地：印度洋、太平洋西区。

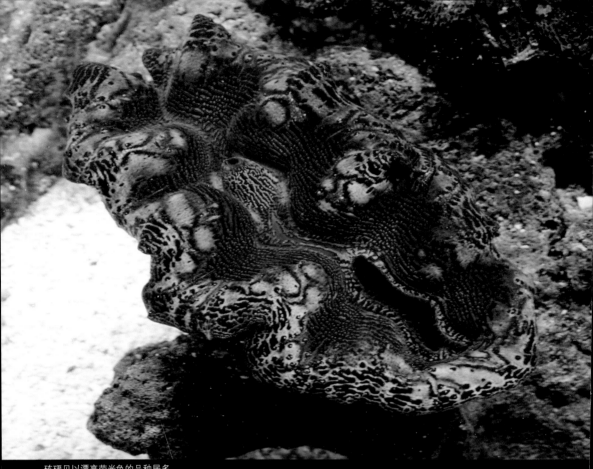

砗磲贝以漂亮荧光色的品种居多

砗磲贝

带有虫黄藻的双壳贝类

虽然体内有虫黄藻共生的生物中最有名的是造礁珊瑚类，但双壳贝类中也有虫黄藻共生的品种。其中常为人所知的品种是砗磲贝，它生活在水深较浅的海中，通过张开虫黄藻共生的外套膜来吸收大量太阳光。这类砗磲贝的外套膜大多在不同的个体上均呈现出不同的荧光色，非常漂亮，是珊瑚装饰中重要的元素。这类生物对虫黄藻的营养成分的依存度很大，只要能维持清净的海水并以强光照射就基本不需要频繁地喂食，养殖不需要花太多时间，但并不是说养殖很容易，因为它对水质的恶化比较敏感，需要和其他石珊瑚一样的能长期健康生长的养殖环境。

长砗磲

Tridacna maxima

人气较高的双壳贝类品种之一。通过足丝附在岩石等上面生活。听说与番红砗磲相比进口要少一些。通过获取虫黄藻的光合作用所制造的营养成分来维持生存，所以养殖中必须要强光照明。如果顺利地养殖就能长得相当大并占据很多的空间，因此最好从一开始就在较大的水族箱中养殖。外壳表面有波浪状隆起。●壳长：20cm。●栖息地：印度洋~太平洋热带海域。

番红砗磲

Tridacna crocea

人气高的双壳贝类。外套膜很鲜艳，故而人气较高，颜色类型也很多。因体内有共生藻故而需要强光照明。●壳长：15cm。●栖息地：印度洋~太平洋。

白花海蘑菇
Sarcophyton sp.
具有白色清洁感的水螅体在全开状态时相当值得一看。其特征是水螅体又长又大。●栖息地：冲绳以南。

软体珊瑚

　　软体珊瑚的种类非常多，仅是用于海水水族箱养殖的种类数量就有几百种以上（如果再加上那些很少进口的品种将超过一千种）。接下来我们将集中介绍一下在之前的内容中未曾提及到的海鸡头及海山羊等海产无脊椎动物。

　　在制作珊瑚装饰性水族箱时，可以只用石珊瑚来完成整个布局。不过这样的珊瑚装饰容易在观赏性方面显得稍有不足。不管是色彩上还是形态上都容易给人一种很单调的印象。而如果在装饰中适当地加入本页所介绍的海蘑菇或者海山羊等，那么在色彩和形态方面就能赋予整个装饰层次变化感，相信这样的装饰性水族箱在观赏性方面肯定要更胜一筹。

　　此处，海鸡头和海蘑菇等软体珊瑚均与造礁珊瑚一样，体内具有虫黄藻，都喜欢强光。

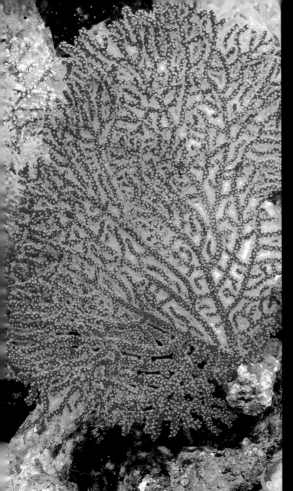

穗软珊瑚
Lemnalia sp.

偶尔有进口的穗软珊瑚。体内没有骨片，故而触感比较柔滑。如果有明亮的光照就不需要喂食。●栖息地：印度洋、太平洋西区。

网眼红山羊
学名不详

带红色的扇状山羊的一种。水螅体展开的状态特别漂亮。如果要布置到装饰性水族箱中则需下工夫以保证不让它倒在砂石中。同时需要经常喂一些海产无脊椎动物专用的液体状饵料。●栖息地：印度洋、太平洋西区。

多型短指软珊瑚
Sinularia polydactyla

一种拥有复杂形状的海鸡头。经常有进口，故而要买到并不是一件特别困难的事情。因为能长到很大，所以最好布局在水族箱的后方。●栖息地：冲绳以南。

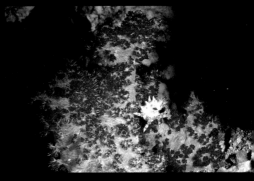

天鹅绒棘鸡头
Dendronephthya habereri

主要的栖息场所为水深在20m左右的岩礁海域。水螅体全开后会呈现出与其名字一样的天鹅绒般的漂亮外观。

棘棘鸡头
Dendronephthya mucronata

通体长有大量小型的棘，故而以此命名。喂食时需将无脊椎动物专用的液体饵料吹到它表面。在照片中的棘棘鸡头中有全平糠蟹在此寄居。●栖息地：冲绳以南。

票亮而有趣的大榔头珊瑚触手

美丽而又危险的珊瑚触手

　　作为养殖者主要观赏对象的珊瑚触手，因其所属种类的不同而形状各异，对珊瑚而言这些都是捕食海水中漂浮的浮游生物，起着"手"的作用的重要器官。观察这些触手是一件非常有趣的事情。

　　此外这种珊瑚的"手"和海葵的触手一样拥有被称为刺胞的带有攻击性的器官。也就是说珊瑚的"手"中隐藏着被称为刺胞的毒针，这种刺胞的毒性的强弱因种类而异。在珊瑚的触手中还有被称为"清道夫"的带有攻击性的触手，触手的长度惊人而且会刺旁边珊瑚的刺胞并使对方变弱。所以，美丽的珊瑚之"手"有时也是一种非常恐怖的凶器！

第四章

珊瑚水族箱中
的甲壳类

一对小丑虾［（夏威夷海星虾（英文名Harlequin Shrimp）〕

性感虾

Thor amboinensis

与地毯海葵或哈登海葵共生的虾。尾巴朝上的样子非常可爱。经常从印度尼西亚进口，很容易买到。饵料方面什么都吃。
● 体长：3cm。● 栖息地：印度洋、太平洋西区。

活跃珊瑚水族箱氛围的虾

　　珊瑚或者缨鳃虫基本上都是待在同一个地方不会动的海产无脊椎动物，而在海产无脊椎动物中代表运动型的应该就是虾等甲壳类了。因为虾里面大多体形偏小，所以无论哪一类都适合在珊瑚装饰性水族箱中养殖。

　　在珊瑚装饰性水族箱中，体形大的刺盖鱼常常会将体形小的虾吃掉，所以不能将它们放在一起养殖，但如果是对无脊椎动物无害的小型鱼类（如小型神仙鱼等），则可以放在同一个水族箱中养殖。小型虾里面也有寄生在珊瑚上的种类，其生态模式与在海中几乎一样，观察这类虾也是一件很愉快的事情。

　　此外，虾类和其他海产无脊椎动物一样，对治疗白点病的药物——硫酸铜非常敏感，因此当水族箱内养殖的鱼患病时，有必要将病鱼取出来移到别的水族箱中进行治疗。除此之外，虾类对海水比重的急剧变化也很敏感，在刚买入或者在家里要转移到别的水族箱中时，需要重新对两者的比重进行调和。因为如果海产生物突然转移到另一个海水比重差异较大的水族箱中，在海水比重差的冲击下甚至可能出现死亡。在比较海水比重时最好使用同一个比重计。因为不同的比重计之间会存在误差。

火焰虾
Lysmata debelius
是一种全身深红，胴体部分有很多细小白点的虾。六条腿的下半部分呈白色，就像穿着火焰虾一样，故而取名火焰虾。●体长：8cm。●栖息地：印度洋、太平洋。

佩德森·白头翁虾
Periclimenes pedersoni
白头翁虾中经常进口的品种。容易与非常相似的卢卡斯·白头翁虾混淆。养殖不是很困难。●体长：3cm。
●栖息地：加勒比海、太平洋西区。

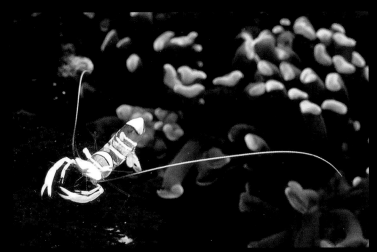

跳动性隐身虾
periclimenes magnificus
与海葵等共生的小型虾类。也为鱼类进行清理活动。偶尔会从东南亚进口。●体长：3cm。●栖息地：印度洋、太平洋西区。

红色条纹清洁虾
Lysmata amboinensis

海水鱼水族箱中最平常的小型虾。这类虾拥有对裂唇鱼等大型鱼进行清理，将鱼体表附着的寄生虫通过虾钳巧妙地取下并吃掉的生活习性。有时间可以观察一下它在水族箱中为鱼清理体表的样子。此外即便在同一个水族箱内养殖大量同类也不会出现激烈的冲突，因此可以放心地养殖。它几乎什么都吃，切碎的磷虾或者养鱼专用片状食物都可作为它的饵料。除此之外，如果这类虾突然被转移到另一个比重差异较大的水族箱中则可能会因为受到海水比重的冲击而导致死亡，需要特别注意。●体长：7cm。●栖息地：印度洋、太平洋、加勒比海。

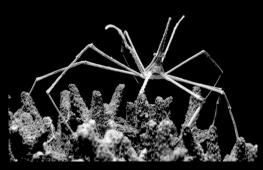

箭蟹
Stenorhychus seticornis

腿特别长的蟹。因为生性粗暴，所以不要同时养殖多只同类。●甲宽：2cm。●栖息地：加勒比海、太平洋西区。

秀丽硬壳寄居蟹
Calcinus elegans

被称为珊瑚寄居蟹中最漂亮的品种。偶尔会集中进口。体魄健壮很容易养殖。如果长时间养殖需要准备较多的宿贝。●甲长：2cm。●栖息地：印度洋、太平洋西区。

日本英雄蟹
Achaeus japonicus

这不是虾而是蟹。通体附有海绵或者海藻进行伪装的云蟹。表面附有大量海绵的个体因色差丰富显得非常漂亮。如果放到珊瑚装饰性水族箱中养殖，就要对它的调皮有所准备，不过养殖起来很有趣。体形不是很大，基本上不会对珊瑚产生太大的伤害，但有可能会将一些软体珊瑚吃掉。饵料方面什么都可以。●甲宽：2cm。●栖息地：东京湾、九州。

粗腿螳螂蟹甲虫
Gonodactylaceus sp

色彩很漂亮的粗腿螳螂蟹的一种。与这类蟹相似的种类有很多。它能通过强有力的副腿敲开坚硬的活蛤并将里面的肉吃掉。寄居蟹也是它捕食的对象。●体长：6cm。●栖息地：印度洋、太平洋。

雀尾螳螂虾
Odontodactylus scyllarus

漂亮且可爱的雀尾螳螂虾的"虾钳"一下子就能将30cm水族箱的玻璃板击破。养殖起来会很有趣，但会经常攻击软体珊瑚。●体长：15cm。●栖息地：印度洋、太平洋西区。

海蜜蜂虾
Gnathophyllum americanum

黑色身体表面有很多细小白色横向花纹的小型虾。因为是夜行性的小虾，如果养殖在大型珊瑚装饰性水族箱中经常会出现不知道跑到哪儿去了的情况。这种虾和小丑虾一样以海星为食，因此需要经常在水族箱内放入海星等来为它提供饵料。●体长：1cm。●栖息地：印度洋、太平洋西区、加勒比海、太平洋西区、东部大西洋。

巴氏棘藻虾
Labbeus balssi

栖息在水深20~30m以上海域并与海葵共生的小型虾。因为外形漂亮而具有很高的人气，但靠普通的进口途径无法得到这类珍稀的品种。它生活在低温的场所，所以养殖要保持在20~23℃。●全长：2cm。●栖息地：太平洋西区。

骆驼虾
Phynchocinetes durbanensis

是在海水水族箱养殖的虾类中最受欢迎的品种。其小到好处的体形以及漂亮外表使其具有很高的人气。体魄健壮，很容易养殖。●体长：6cm。●栖息地：太平洋西区。

小丑虾
Hymenocera picta

拥有奇特食性的虾，只吃海星并且一边将海星肉一点点溶解一边吸食。照片左侧为产于菲律宾的虾，右侧的产于夏威夷。此类虾经常成双成对地进口，很容易买到。要想养殖这类虾，需要从不间断地为它准备用作饵料的海星，因此养殖起来比较费时间。饵料方面推荐用相对廉价且容易买到的瘤海星（实际上是作为小丑虾的饵料进口的）。●全长：6cm。●栖息地：印度洋、太平洋西区。

一对小丑虾

对黄肚神仙进行清洁的清洁虾在珊瑚装饰性水族箱中观察四周的搞笑场景

清洁虾

　　在海产小型虾类中，有些虾会对各种大小的鱼做出被称为清洁行动的有趣行为。简单地说就是虾类向鱼靠近（有时候是鱼向虾靠近）然后附在鱼的体表并用小钳啄鱼的体表。这种行为可以看成是虾吃掉鱼体表附着的小型寄生虫，寄生虫的大小用肉眼几乎看不出来。一些体形非常大的鱼有时甚至会张开大嘴让虾进入口中进行清洁（绝不会将虾吃掉）。鱼儿对这种虾所提供的清洁行动貌似非常享受，在虾的清洁工作告一段落前都会一直老老实实地待着。

第五章

珊瑚水族箱中的
小型海水鱼

金头仙（学名Centropyge argi）

复活岛神仙
Centropyge hotumatua

全身呈现出层次感的橙色刺盖鱼，具有较□□的人气。因为极少有进口，从而又推高了□□的人气。因为对高水温比较敏感，所以养殖时必须配备冷却器。●全长：9cm。●栖息地：南太平洋的复活岛周边海域。

小型刺盖鱼

珊瑚水族箱中的人气品种

　　刺盖鱼是珊瑚水族箱可养殖的鱼中人气最高的一类。这类鱼有小至5~9cm的小型鱼，也有可超过20cm的大型鱼，但养殖较多的主要是可以在珊瑚装饰性水族箱中和其他生物共存的小型刺盖鱼。这类漂亮可爱的小型鱼一般根据其属名通称为小型刺盖，是各类大小型装饰性水族箱中大放异彩的明星。

　　另一方面，大部分大型的海中刺盖鱼也具有很强的魅力，但由于它们会吃珊瑚，对珊瑚的危害较大而且鱼的体形较大对水质产生的负荷也较大，故而一般不会在水族箱中进行养殖。

　　在珊瑚装饰性水族箱中养殖刺盖鱼的一个优势在于它们能通过摄取水族箱内化石等表面自然产生的细微生物作为食物，故而养殖寿命比较长。另一个比较重要的优势在于它们体形小，对水质的影响不大。

麒麟神仙
Centropyge aurantius
全身为深橙色的鱼。进口量较少。眼睛上有一圈蓝色的圆框，看起来很可爱。●全长：12cm。●栖息地：印度尼西亚、大堡礁。

橘红新娘
Centropyge shepardi
正如其名，表面鲜艳的橙色与海藻的绿色非常相衬。虽然人气很高但进口量并不大。●全长：6cm。●栖息地：北马里亚纳群岛。

蓝闪电神仙
Centropyge acanthops

人气非常高，是刺盖鱼的代表种类之一。打捞地点非常遥远，运输成本高导致非常昂贵，但即便如此一上市便会立即被买走。体形比较健壮，养殖不是特别困难。●全长：7cm。●栖息地：太平洋西区。

火背仙
Centropyge aurantonotus

拥有橙色和深蓝色两种颜色的鱼。在具有类似颜色的鱼中，此类鱼的深蓝色花纹一直持续到尾部，因而比较容易区分。●全长：6cm。●栖息地：加勒比海南部。

白斑刺尻鱼
Centropyge tibicen

比较大型的刺盖鱼。虽然很受欢迎，但喂食比较困难，因此在投放后要多下工夫。●全长：15cm。●栖息地：太平洋西区。

夏威夷火焰仙
Centropyge loriculus

产于夏威夷的火焰仙是红色色调最深的一种鱼。不过进口量很少，所以一般很少能看到实物。●全长：10cm。●栖息地：太平洋西区。

石美人
Centropyge bicolor

身体前后呈黄色与深蓝色完美配合的刺盖鱼的入门品种之一。同类之间争斗比较激烈，不过如果只有一对则能在水族箱中共同养殖。另外，个体较小的鱼能吃下干燥的饵料，比较好喂料。●全长：15cm。●栖息地：太平洋西区。

双棘刺尻鱼
Centropyge bispinosus

体形健壮，容易养殖的小型神仙鱼的代表品种。虽然颜色并不华丽，但养殖时间变长以后颜色也会变得很漂亮。琉璃神仙因其打捞地点不同个体的颜色会存在很大的差异，也有通体红色的个体。●全长：12cm。●栖息地：太平洋西区、印度洋。

火焰仙
Centropyge loriculus

人气最高，最受欢迎的刺盖鱼，进口比较稳定。它拥有人见人爱的身姿，在以珊瑚为中心的水族箱中非常显眼，其魅力甚至超过水族箱本身。在刺盖鱼中属于比较健壮的品种，在珊瑚装饰性水族箱中能够长期养殖。●全长：10cm。●栖息地：太平洋中部、太平洋西区。

蓝新娘
Centropyge interruptus

产于日本的刺盖鱼科中最大的中型鱼品种，幼鱼非常可爱，在海外的爱好者中也具有很高的人气。流通量较少。 全长：18cm。●栖息地：太平洋。

虎纹刺尻鱼
Centropyge eibli

像天使一般的小型鱼。在进口日本的刺盖鱼科中比较稳定，很容易买到。饲养也不难，被誉为是很好养的小型鱼。身体侧面有金色的细纹，给人留下的印象很深刻。 全长：15cm。●栖息地：太平洋西区、印度洋。

蓝眼黄新娘
Centropyge flavissimus
也叫柠檬批。蓝眼黄新娘有一个醒目的黄色身体，有各鳍的边带点漂亮的蓝色。●全长：12cm。●栖息地：太平洋中部。

黄肚神仙
Centropyge venustus
颜色稍显华丽但同时也具有一定观赏性的小型神仙鱼。对水质有一点敏感，所以养殖稍难。●全长：10cm。●栖息地：菲律宾。

金头仙
Centropyge argi
体形健壮，比较容易养殖，比较活跃，经常在水中边游边捕食，是养殖起来非常有趣的鱼。适合在珊瑚水族箱中养殖。●全长：7cm。●栖息地：大西洋。

多彩仙
Centropyge multicolor
拥有多彩的颜色，是给人印象很深的鱼。很多爱好者喜欢观赏它在珊瑚装饰性水族箱中游动的身姿。在刺盖鱼科中属于体形健壮的一类，容易养殖。●全长：10cm。●栖息地：太平洋中部。

可可斯神仙
Centropyge joculator
拥有貌似石美人与黄眼蓝新娘的合成体颜色的刺盖鱼。不但外形漂亮，体形也很健壮，容易养殖，故而人气很高。推荐在珊瑚水族箱中养殖的品种。●全长：10cm。●栖息地：印度洋的可可斯群岛、圣诞岛。

虎皮仙
Centropyge potteri
是夏威夷诸岛的特产鱼，进口比较稳定的受欢迎品种。在环境较好的珊瑚水族箱中比较活跃，能够让人观赏到它们畅游时的美丽身姿。因对高水温比较敏感，养殖中要使用冷却器。●全长：10cm。●栖息地：美国夏威夷群岛。

喷射机
Ptereleotris evides
具有尾鳍与背鳍形状基本一致的特点的虾虎。容易养殖且体形健壮，是适合推荐给初学者的品种。●全长：12cm。●栖息地：印度洋、太平洋西区。

虾虎

与珊瑚相容性较好的小型品种较多

　　海水鱼中种类最多的虾虎以小型鱼居多，大部分都适合在珊瑚装饰性水族箱中养殖。小型虾虎同类之间发生激烈争斗的品种较少，所以可以将多只同类鱼养殖在同一个水族箱内（不过可以养殖的数量根据水族箱的大小有所变化）。

　　小型虾虎中有像紫玉雷达一样经常在水中游动的品种，也有像黄珊瑚虾虎以及眼斑海葵鱼一样常待在岩石或珊瑚上基本不怎么游动的品种。

　　前者与珊瑚的相容性不错，但对后者则需要稍加注意。这类虾虎喜欢待在自己喜欢的场所，对这一行为比较敏感的珊瑚（如大型擂钵珊瑚等）会因此而不张开触手。此时最好把这些鱼移到别的水族箱中进行养殖。

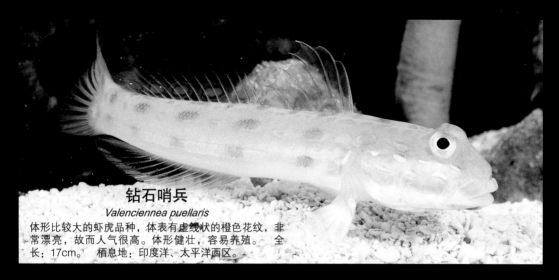

钻石哨兵
Valenciennea puellaris

体形比较大的虾虎品种，体表有虚线状的橙色花纹，非常漂亮，故而人气很高。体形健壮，容易养殖。 全长：17cm。 栖息地：印度洋、太平洋西区。

蟹眼虾虎
Signigobius biocellatus

背鳍全部展开的状态下会呈现出2个较大的眼斑形状。像照片中一样在各鳍都展开的状态下，可把背鳍上的两个眼斑当作眼睛，这样一来看起来就很像蟹了。●全长：6cm。●栖息地：太平洋西区。

蓝线鸳鸯
Lythrypnus dalli

被称为小美鱼的虾虎，拥有与此称呼相称的小巧体形。因为其外表漂亮，自古以来就是很有名的品种，人气非常高。因为对高水温比较敏感，最好使用水族箱专用冷却器将水温维持在23℃。●全长：4cm。●栖息地：加利福尼亚湾周边海域。

金头虾虎
Valenciennea strigata

作为海水鱼自古以来就有人养殖。如果喂食次数太少容易变瘦，因此要利用喂食定时器并经常进行喂食。●全长：16cm。●栖息地：印度洋。

蟋蟀鱼
Gobiodon okinawae

全身通体为鲜艳的黄色。这类鱼不是很活跃，一般都长时间待在岩石的低洼处或海藻叶子上休息。进口量较多，容易买到。●全长：3cm。●栖息地：太平洋西区。

红斑琉璃虾虎
Trimma sp.
白色的体表夹杂着多条红色横带的小型虾虎。进口量极为稀少。期待哪天能集中进口。 全长：3cm。 栖息地：印度洋~太平洋西区。

红斑节虎
Amblyeleotris wheeleri
体表有多条颜色鲜艳的红色宽带，非常漂亮。经常从印度尼西亚等进口。水质如果恶化，整个状态会立即下滑，因此需要定期换水以便维持清净的养殖水。●全长：8cm。●栖息地：印度洋、太平洋西区。

紫雷达鱼
Nemateleotris decora
与雷达鱼相比感觉稍微高级一点的美丽虾虎。天性有点胆小，所以在珊瑚水族箱中养殖时要多加关注。饵料方面什么都能吃。●全长：7cm。●栖息地：太平洋西区。

雷达鱼
Nemateleotris magnifica
产于热带的虾虎中的代表品种。兼具漂亮、健壮、便宜这三大养殖优势，所以成为了人见人爱的品种。●全长：7cm。●栖息地：印度洋、太平洋西区。

紫玉雷达
Nemateleotris helfrichi
进口量较少，很难买到。体形健壮，故而养殖不是很困难，如果在珊瑚水族箱中养殖，希望多加关注。●全长：7cm。●栖息地：太平洋西区。

黄色北斗星虾虎
Gobiosoma xanthiprora

进口量不是很大。虽然外表漂亮但体形娇小，放在水族箱中养殖的话很容易就看不见了。最好养殖在60~90cm的珊瑚水族箱中。●全长：4cm。●栖息地：牙买加、西部加勒比海。

红面虾虎
Elacatinus puncticulatus

通体透明且头部呈红色，再加上贯穿体表的黑色线，这一套组合看起来很漂亮，是很有名的品种。不过进口极为稀少，即便想养殖也很难买到。●全长：4cm。●栖息地：加利福尼亚湾。

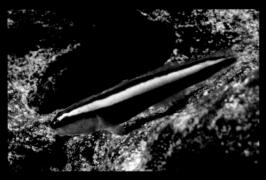

眼斑海葵鱼
Gobiosoma oceanops

体形娇小，体表成金属蓝的虾虎。同类之间除了成对以外争斗很激烈。并且刚放入水族箱时容易患上白点病。●全长：5cm。●栖息地：加勒比海。

虾虎的一种
Tryssogobius sp

白色的小型虾虎。眼睛较大，身材纤细看起来非常可爱。因为对水质非常敏感，养殖中最好能维持清洁的水质。●全长：3cm。●栖息地：太平洋西区。

公子小丑鱼
Amphiprion ocellaris

最普通的小丑鱼。这种鱼是小丑鱼中最小的鱼，因此特别适合在小型水族箱中养殖。另外，这种鱼什么饵料都吃，很容易养殖。游动的速度很慢，看起来一副弱不禁风的样子，实际上体形却很健壮，可以推荐给那些养殖经验较少的人。不过在购买时，那些游动姿势较不自然或者鳍端部泛白的个体最好不要购买。此外，这种公子小丑喜欢钻到海葵里面。它们还可以在水族箱内岩壁上产卵并孵化成幼鱼。●全长：11cm。●栖息地：太平洋西区。

雀鲷

给珊瑚水族箱增添光彩的小型美鱼

　　小丑鱼在分类上一般归于雀鲷类，所以本书中也将小丑鱼归到雀鲷中进行介绍。

　　小丑鱼和海葵的共生关系是非常出名的，不过这种小丑鱼寄居在海葵上生活的样子在水族箱中可以经常看到。只是海葵触手中的刺胞大多毒性很强，所以要注意不能让它和珊瑚接触（海葵的习性是总是移动到喜欢的场所）。

　　另一方面，雀鲷是以60cm的水族箱中也能养殖的小型鱼为中心，种类多样的一类鱼。这类鱼虽然体形较小，但色彩大多漂亮可爱。另外，这类鱼在自然海洋中多以群居方式生活，即便如此，除了一部分特殊品种外，大部分鱼都会为了扩充自己的领域而相互之间进行激烈的争斗。所以，一般在水族箱中很难看到大量同类鱼群游的姿态，也算是一种遗憾吧。

透红小丑

Premnas biaculeatus

这种鱼鳃盖后面有一根与众不同的棘，是一种和其他小丑鱼科属不同的鱼。因为这种鱼脾气较暴躁，在和其他鱼类混养时要多加注意。●全长：12cm。●栖息地：印度洋、太平洋西区。

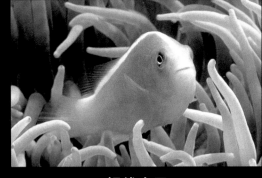

银线小丑

Amphiprion akallopisos

银线小丑是很早以前就有海水鱼爱好者养殖的品种，价格便宜且很可爱，拥有较高的人气。和花柱小丑酷似，但此类的鳃盖部分没有细长的白色花纹，所以比较容易进行区分。●全长：10cm。●栖息地：印度洋。

橙尾蓝魔

Chrysiptera cyanea var

从圆尾金翅雀鲷数量较多的地域中变异出来的一种鱼。其特征是尾鳍呈鲜艳的橙色。进口量并不大。●全长：8cm。●栖息地：太平洋中部。

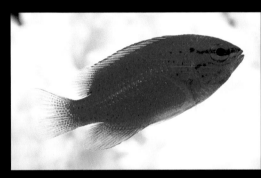

圆尾金翅雀鲷

Chrysiptera cyanea

通称名为蓝魔，是人工养殖的海水鱼中的代表品种之一。通体呈金属蓝。不过如果在小型水族箱中同时养殖多只同类鱼，相互之间会进行激烈的争斗，从而导致较弱的一方逐渐被杀光。●全长：8cm。●栖息地：印度洋、太平洋西区。

青魔

Chromis viridis

在同类间争斗比较激烈的雀鲷中，这种鱼是个例外，相互之间基本不争斗。这种和谐共处能带给养殖人较好的观赏性。●全长：8cm。●栖息地：印度洋、太平洋西区。

黄尾蓝魔

Chrysiptera parasema

尾鳍呈黄色的雀鲷。给人印象最深的是其可爱的身姿，但同类之间以及颜色相近的种类之间容易产生激烈的争斗。●全长：4cm。●栖息地：菲律宾。

皇家丝鲈
Gramma loreto
代表加勒比海的小型美鱼。虽然它外表漂亮，很多人都想在水族箱中多养几只，但除了成对的鱼之外同类之间争斗很激烈，因此比较遗憾，1个水族箱中只能放入1条鱼。如果硬要同时放入多条鱼，经过相互之间的激烈争斗最终只会剩下1条鱼生存。体形健壮，很快就能进食，因此养殖起来比较容易。这种鱼也可以养殖在无脊椎动物的装饰性水族箱中。●全长：8cm。●栖息地：加勒比海。

小型花鲐

容易养殖的小型肉食美鱼

在海水鱼爱好者中人气很高的皇家丝鲈等小型花鲐是以各种小型浮游生物以及小型甲壳类动物为食物的肉食鱼，所以对珊瑚不会造成任何伤害。正是因为如此，在以珊瑚为中心构成的装饰性水族箱中即便养殖这类鱼也不用担心会对珊瑚造成伤害。另外，这类鱼在各种海水鱼中也属于颜色鲜艳且花纹漂亮的一类，如果在水族箱中养殖，肯定能提升水族箱的整体印象。

皇家丝鲈的颜色非常漂亮，所以很多人都想在水族箱中多养几条，但由于同类之间会进行相当激烈的争斗从而形成"大战"的局面，因此基本上同一个装饰性水族箱中最好只养殖一条。不过，如果遇到那种进口极为稀少的成对鱼，也可以在一个水族箱中养殖。

这类鱼除了皇家丝鲈之外大多价格都很昂贵，如果能有一条自己喜欢的请一定要珍惜。

卡式长鲈
Liopropoma carmabi

小型花鲈的一种，鲜艳的体色以及花纹给人印象非常深刻。属于价格昂贵的一类鱼。因为体形并不弱，可以在隐身场所较多的珊瑚装饰性水族箱中长期养殖。不过，如果有能和这种鱼进行竞争的较强势的鱼同时存在，这种鱼就会抢不到充足的饵料。●全长：6cm。●栖息地：以小安的列斯群岛为中心分布。

虎纹鲑
Serranus tigrinus

外表虽不华丽但花纹比较漂亮的小型花鲈。这类鱼大多只待在水族箱中某个固定的位置一动也不动。●全长：10cm。●栖息地：大西洋。

黑顶线鲈
Gramma melacara

栖息在水深20~50m左右的水域。具有很高的人气，但进口量较少，而且价格昂贵。只要具备清净的水质就能很容易养殖。●全长：8cm。●栖息地：加勒比海。

瑞士狐
Liopropoma rubre

珊瑚装饰性水族箱中养殖人气很高的鱼。对水族箱环境适应了之后，经常能在岩石之间看到它的身影，偶尔还会在水族箱中优哉游哉地游动。只要是动物肉质饵料都吃。●全长：8cm。●栖息地：佛罗里达南部、委内瑞拉。

黄色花鲑
Assessor fravissimus

通体呈黄色，非常可爱的鱼。饵料方面什么都能吃，比较容易养殖，但因为体形娇小，适合在珊瑚水族箱中养殖。●全长：5cm。●栖息地：大堡礁北部。

史氏拟花鮨

Pseudanthias smithvanizi

外表漂亮但对水质很敏感的拟雀鲷。"大点"的意思并不是"有很大的点",而是"有很多点"的意思。因为对水质的恶化特别敏感,因此养殖中需要能让珊瑚健康生存的清净水质。它生性温和,不能和强势的鱼同时养殖在一个水族箱内。如果能同时养殖5条以上会更好饲养一些。 ●全长:8cm。栖息地:太平洋西区。

花鲷

海中飞舞的花瓣

隶属于雀鲷科的花鲷的颜色及花纹都非常漂亮。这类鱼除了个别品种以外基本都以群居的方式生活,在水族箱中也可以养殖多条同类鱼(不知道为什么,群体鱼更容易养殖一些)。

大部分花鲷的性格在各种海水鱼中都属于比较温和的一类,在混养水族箱中也容易和其他品种和谐相处。因此,可以在珊瑚装饰性水族箱中选择5~10条自己喜欢的鱼进行群养。大多花鲷对水质比较敏感,因为珊瑚养殖中同样需要维持良好的水质,故而这类鱼比较适合在珊瑚装饰性水族箱中养殖。

另外,花鲷在海中通常靠流水带来的饵料维持生活,因此在养殖中也需要一天喂食多次。将食物切细到符合小嘴大小的尺寸并投放到水流中进行喂食。

深海彩虹仙子
Pseudanthias ventralis

也称为长鳍彩虹仙子。因为它是从比较深的水域里打捞到的鱼，需要考虑一下在买入时是否患有减压症，是否能正常游动等。体形和体色都具有很多长处故而人气很高，大多养殖在珊瑚水族箱中。●全长：7cm。●栖息地：密克罗尼西亚、小笠原群岛。

伦氏拟花鲷
Pseudanthias randalli

在水族箱内比较活跃的花鲷。如果购买时能选到状态好的鱼，就能欣赏到照片中那样的美丽身姿。饵料尽量切细并且最好投放饵料频率高一些。如果饵料不足很快就会瘦下去。●全长：8cm。●栖息地：太平洋西区。

侧带拟花鲷
Pseudanthias pleurotaenia

这种鱼给人最大的印象是体侧有很大的斑纹。进口的鱼中大型个体不在少数。因为这种鱼喜欢比较小的饵料，所以在投放饵料时要将较小的食物放到水流中进行喂食。●全长：12cm。●栖息地：印度洋、太平洋西区。

珍珠燕
Serranocirrhitus latus

体形较高，外表很漂亮，其可爱的身姿非常引人注目。让它熟悉进食比较费劲，但值得你花时间耐心照顾它。●全长：10cm。●栖息地：太平洋西区。

金鱼花鲷
Pseudanthias squamipinni

各个带红色的鳍都比较长，让人忍不住联想到金鱼，故而如此命名。喜欢群居，所以推荐群体养殖。群体养殖比单独养殖更容易让它们进食。●全长：12cm。●栖息地：印度洋、太平洋西区。

五线狐
Pseudocheilinus ocellatus
通体呈鲜艳的红色，因外表美丽而具有很高人气的
隆头鱼。栖息场所比较深，故而能捕获的数量较
少，进口量也相当少。对高水温比较敏感，夏季需
要使用水族箱专用冷却器。●全长：10cm。●栖息
地：太平洋西区。

隆头鱼

海水鱼水族箱中的名角

　　隆头鱼是海水鱼中种类较多的一类，体形大多比较大。另外相当小型的种类中有很多外表都很漂亮，比较适合在珊瑚装饰性水族箱中养殖（对珊瑚基本不产生伤害）。

　　在珊瑚装饰性水族箱中养殖的小型隆头鱼中有像裂唇鱼一样在水族箱内到处觅食，慢悠悠地游走的类型和喜欢待在水族箱中层附近像花鲷一样很活跃的类型（如火焰隆头鱼等）。

　　这类鱼和花鲷类似，大多对水质的恶化不是很敏感，应该比较适合那些想在一个水族箱内尽可能多养几只鱼的人吧。

　　另外隆头鱼对饵料也几乎不挑剔，习惯之后连干燥饵料也能吃，因此大多养殖起来都很容易。

绿龙鱼

Halichoeres chloropterus

隆头鱼里面比较受欢迎的一种。通体为明亮的黄色，如果在水族箱内养几只的话会让整个水族箱变得很热闹。体形健壮很容易养殖。●全长：12cm。●栖息地：太平洋西区。

红海四线龙

Larabicus quadrilineatus

黑色身体上有两条蓝色花纹纵向贯穿身体，是产自红海的隆头鱼。在水族箱内永远都是很有活力地来回游动着。这种鱼不挑食，什么都吃，因此很好养殖。●全长：12cm。●栖息地：红海。

四线狐

Pseudocheilinus tetrataenia

隆头鱼中的小型漂亮品种。体形大小很适合在珊瑚装饰性水族箱中养殖，但容易被虾或缨鳃虫吃掉。●全长：7cm。●栖息地：太平洋西区。

深水龙

Coris frerei

与印度洋露珠隆头鱼相似的品种。幼鱼时期和露珠隆头鱼非常相似，但这种鱼身体周围发黑，很容易辨别。如果要在珊瑚水族箱中养殖最好是在幼鱼期间。●全长：50cm。●栖息地：西部印度洋。

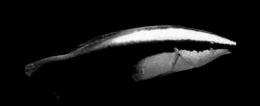

金医生

Labroides phthirophagus

只生活在夏威夷诸岛周边的固有品种。夏威夷版裂唇鱼。不过这种鱼很漂亮，因此价格非常昂贵。●全长：10cm。●栖息地：美国夏威夷群岛。

裂唇鱼

Labroides dimidiatus

频繁地为其他鱼类进行清理活动的一种鱼。因为运动量很大，一天至少要喂食3次以上，不然会因为营养不足而变瘦。●全长：10cm。●栖息地：印度洋~太平洋西区。

美国草莓
Pseudochromis fridmani

一种通体呈红色的拟雀鲷。是红色拟雀鲷的红海版。放入珊瑚装饰性水族箱中看起来很漂亮故而人气很高。●全长：7cm。●栖息地：红海。

拟雀鲷

海水鱼中小型美鱼的代表

拟雀鲷外形漂亮并且对珊瑚不会产生任何伤害，因而是海水鱼中适合在珊瑚装饰性水族箱中养殖的小型美鱼的代表。它那种一边觅食一边滴溜溜地转着大眼睛的样子非常可爱。

这种鱼长大以后全长也就5~7cm，因此基本不用担心它的排泄物会给水质造成多大的负担。除此之外，这类鱼像双色草莓那样色彩非常鲜艳的品种占了一大半，因此即便体形很小，在水族箱中也很显眼。

它在饵料方面也不挑剔，很快就能适应喂食，而且习惯之后还能吃得下干燥饵料（卤虫等切碎后的冷冻饵料很快就能吃下去）。不过这类鱼除非是在相当大的水族箱中（水量达到数吨以上并由复杂的岩石组合而成的巨大海水水族箱），不然同类及同伴之间都会展开很激烈的争斗，因此比较遗憾，一般一个水族箱中都只能养殖一条这样的鱼。

蓝线拟雀鲷
Pseudochromis springeri

黑色身体中只有头部和各鳍边缘呈漂亮的蓝色，是一种小型美鱼。虽然蓝色的部分很少，但在黑色的体表上蓝色显得更加醒目。如果在珊瑚装饰性水族箱中养这种鱼，希望能好好养殖。饵料方面不挑食，什么都吃，养殖比较容易。●全长：6cm。●栖息地：红海。

双色拟雀鲷
Pseudochromis pesi

红色和黄色分界明显，是小型美鱼中的代表之一。这种鱼很受欢迎而且也容易买到。不过同类之间或者类似品种之间会展开激烈的领土争斗，因此要避开混养。●全长：7cm。●栖息地：太平洋西区~印度洋。

红棕拟雀鲷
Pseudochromis porphyreus

几乎通体都是红色的小型美鱼。因为是很少受欢迎的鱼，应该不难买到。领土意识很强烈，故而同类之间很容易进行激烈的争斗。●全长：6cm。●栖息地：太平洋西区。

马来亚拟雀鲷
Pseudochromis diadema

拟雀鲷中很受欢迎的代表品种之一。体形健壮很容易养殖，饵料方面也不挑食，什么都能吃。●全长：6cm。●栖息地：太平洋西区。

黄顶拟雀鲷
Pseudochromis flavivertex

明亮的蓝色和黄色的色彩对比非常吸引人，是一种颇具魅力的拟雀鲷。这种鱼的明亮色彩即便是在稍暗的水族箱内也很醒目。不过当它状态不好时这种颜色就会变淡。●全长：13cm。●栖息地：印度尼西亚周边。

红嘴尖格
Oxycirrhites typus
鹰鱼中很受欢迎的一种鱼。体形细长，和其他鹰鱼相比有很多差异，从那种老老实实待在岩石上到处瞄的样子就可以猜测出是鹰鱼。●全长：13cm。●栖息地：印度洋、太平洋西区。

鹰鱼

海水鱼水族箱中的人气品种

　　鹰鱼不属于那种一直在水中游来游去的类型，一般都老老实实地待在岩石上一动也不动，偶尔会用它那比较笨拙的游泳方式游到其他地方。身体形状看起来也像蹲着一样非常可爱。对活体珊瑚也基本不关心，因此放入珊瑚装饰性水族箱能给水族箱整体添色不少。

　　鹰鱼中大部分颜色都像美国红鹰一样很漂亮，所以即便这种鱼种类并不多，要想选出自己喜欢的鱼也不难。不过其中也有性格不好的鱼，它们会固执地在其他鱼身后不停地追逐，如果出现这种情况最好将它们移到别的水族箱中。

　　这种鱼不挑食，而且食欲较强的个体刚投放到水族箱中就马上用那种比较笨拙的游泳方式游向水面觅食。这种样子看起来确实很可爱，一定会让你深深地喜欢上它的。

美国红鹰
Neocirrhites armatus

全身就像在燃烧似的呈鲜红色的鹰鱼。在水族箱中不仅外表很醒目，还呈现出各种可爱的表情，是混养水族箱中人气很高的一员。它不善于一般鱼那样的游泳方式，通常都是待在岩石上用大眼睛到处瞄。游动的时候一块一块地从岩石上通过，就像踩着垫脚石一样。当它习惯了之后会游到水面上来乞食。●全长：9cm。●栖息地：太平洋西区。

血红鹰
Cirrhitops fasciatus

大多栖息在夏威夷的一种鹰鱼。偶尔会通过夏威夷航班进口。养殖方式参照其他鹰鱼。红色的条纹状花纹非常漂亮，不过性情有些暴躁，在混养时要多加注意。●全长：10cm。●栖息地：夏威夷、毛里求斯。

美国红鹰的游泳方式看起来很别扭

眼镜鹰鱼
Paracirrhites arcatus

眼睛边的花纹看起来就像带了眼镜一样。什么饲料都能吃故而很容易养殖。它会攻击那些小虾并吃掉。●全长：14cm。●栖息地：印度洋、太平洋西区。

斑点玫瑰

Sphaeramia nematoptera

拥有完美的红色大眼睛，身体各部颜色都很漂亮的天竺鲷。性情很温和，从不攻击其他鱼类，同类之间也基本没有争斗，因此特别适合温和鱼类混养的水族箱。另外，它对无脊椎动物也基本无害，所以也很适合在珊瑚装饰性水族箱内养殖。什么饵料都能吃。 ●全长：8cm。●栖息地：印度洋、太平洋西区。

其他鱼类

其他适合珊瑚水族箱的海水鱼

　　能够在珊瑚装饰性水族箱内同时养殖的海水鱼除了之前介绍的外还有很多种类。选择在珊瑚装饰性水族箱内进行养殖的鱼一般要看是否对活体珊瑚造成伤害，但不伤害珊瑚并不是判断基准，相反要看它是否容易在珊瑚装饰性水族箱内长期生活。

　　这些鱼一般不喜欢干燥饵料，如果仅人工喂食冷冻饵料很容易变瘦。不过像这种对饵斗要求很严格的小型鱼，如果养殖在珊瑚装饰性水族箱中就能够吃到水族箱中自然长出的各种小生物，那么就可以长期生存。也就是说珊瑚装饰性水族箱虽然不是真正的海，但在一定程度上也能创造出和真正的海相类似的环境。

斑高鳍
Equetus punctatus

幼鱼期间伸得很长的背鳍几乎成直立状，通过向后方形成较大的角度来实现转向，而且尾鳍伸得也很长。体色为黑色加白色的双色类型与其体形非常相衬，这种鱼具有很高的人气以至于一进到销售店就立即被人买走了。比高鳍石首鱼的进口量还要少。这种幼鱼的背鳍就好像帆船上的帆一样，在游动时会随着水流摇动，更增添了它的魅力。不过这种鱼吸引人的地方只在于它幼鱼时期长的背鳍，当它完全长大变成成年鱼后体形变大，背鳍相对变低，虽然各鳍上也会出现漂亮的斑纹，但与幼鱼时期的华丽感相比明显显得朴实了很多。

捷克飞刀
Equetus lanceolatus

背鳍几乎成直立状并且伸得很长，同时尾鳍也伸得很长。因其体形独特而具有很高的人气，但进口量不大。性情比较温和，幼鱼比较适合养殖在珊瑚水族箱中。●全长：25cm。●栖息地：大西洋。

花青蛙
Dactylopus dactylopus
背鳍的第一棘非常发达，在争斗时会将这部分向前方倾斜。●全长：15cm。●栖息地：太平洋西区。

白斑躄鱼
Antennarius pictus
这种彩色鮟鱇看起来像是橙色海绵的形状。彩色鮟鱇使用像大手一样的胸鳍在水底行走。颜色类型很多。●全长：13cm。●栖息地：印度洋、太平洋。

美肩鳃䲁
Omobranchus elegans
在日本的海水潮涨时也经常出现。因为海水鱼店里没有销售，可以进行私家打捞。它属于肉食性动物，因此喜欢动物肉质饵料，养殖比较容易。●全长：9cm。●栖息地：太平洋西区。

团子鱼
Lethotremus awae
形状像饭团子一样的鱼，非常可爱。腹部有吸盘状的器官，通过它吸附在岩石上行走。色彩变异很多。这种鱼很受欢迎。●全长：4cm。●栖息地：太平洋西区。

绿青蛙

Synchiropus picturatus

匍匐在水底慢悠悠地游走。它能够吃掉水族箱中自然生长的碍眼的扁虫、对水族箱很有利。　全长：6cm。　栖息地：太平洋西区。

花斑连鳍

Synchiropus splendidus

这种鱼属于那种张着一张小嘴不停地寻觅小型饵料的类型，所以1天的喂食频率低于2次就很容易瘦下去了，需要多加注意。要想让这种鱼长期健康的生长，需要提高喂食频率或将它们养殖在能够自然生长出微生物的珊瑚装饰性水族箱中。以珊瑚水族箱自然生长出的各种微生物来作为它的饵料应该也算得上是一种营养搭配均衡的美餐吧。●全长：6cm。●栖息地：太平洋西区。

双色青蛙

Ecsenius bicolor

全身分成2种颜色的青蛙鱼。它能通过大嘴慢慢地啃食水族箱内的苔藓，但苔藓的减少量并不明显。●全长：8cm。●栖息地：印度洋、太平洋西区。

西瓜刨

Salarias fasciatus

作为水族箱中吃苔藓的鱼而出名。这种鱼在消灭苔藓方面能起到很大的作用，而且体形也很可爱。●全长：5cm。●栖息地：印度洋、太平洋的珊瑚礁海域。

金木瓜
Ostracion cubicus

幼鱼时期很漂亮且非常可爱，但长大后这种魅力就消失了。如果将这种鱼的幼鱼放进珊瑚装饰性水族箱养殖应该是一件非常棒的事情。这种鱼的幼鱼进口量较少，偶尔才会进口几条，如果能向店里预定应该是可以买到的。此外这种鱼以及类似的木瓜鱼在状态恶化或死亡后体表会产生对其他鱼有害的成分，因此一旦发现它们状态不好要尽快将它们转移到别的水族箱中。●全长：25cm。●栖息地：印度洋、太平洋。

黄倒吊
Acanthurus pyoferus

幼鱼全身为鲜艳的黄色，像小眼倒吊似的。这种形状应该是拟态吧，但这种拟态行为有什么作用暂时还不知道。这种鱼会攻击珊瑚，因此需要特别注意。●全长：20cm。●栖息地：太平洋西区。

蓝倒吊
Paracanthurus hepatus

很受欢迎的漂亮倒吊。同类之间也几乎没有争斗。多条同类鱼同时养殖时会发生争先恐后地抢食吃的现象。这种鱼会攻击珊瑚，因此需要特别注意。●全长：30cm。●栖息地：印度洋、太平洋。

红海马
Hippocampus coronatus
海马中的红色个体。这种鱼有各种颜色的个体，其颜色的种类多得令人吃惊。饵料方面以孵化后的卤虫等小型饵料为宜。●全长：8cm。●栖息地：朝鲜半岛南部。

刀片鱼
Aeoliscus strigatus
呈倒立姿势游动的珍稀鱼种。饵料方面喜欢卤虫刚孵化的幼体，但习惯之后也能吃片状饵料。●全长：8cm。●栖息地：太平洋西区。

大海马
Hippocampus kuda
大型海马。喜欢活体饵料，比如孵化后的卤虫或刚出生的虹鳟幼鱼等。●全长：30cm。●栖息地：印度洋、太平洋。

多带海龙
Doryrhamphus multiannulatus
比斑节海龙更华丽的鱼。虽然进口不多，但偶尔也有进口。喂食方面希望使用卤虫持续孵化系统。●全长：14cm。●栖息地：太平洋西区。

圆点扁背鲀
Canthigaster jactator
只生活在夏威夷诸岛周边海域的小型尖鼻鱼。偶尔会从夏威夷进口少量鱼。体形不大。●全长：6cm。●栖息地：美国夏威夷群岛。

从巢穴中探出半个身子确认周围是否有危险的大帆鸳鸯。在水底砂石中挖掘的巢穴的位置多半选择在珊瑚岩石的背阴处。通常在选巢上下足了工夫，一般会选择在容易进行观察的地方筑巢

蓝点鸳鸯
Opistognathus rosenblatti

拥有华丽外表的鸳鸯鱼。几乎全身都有明亮的大型蓝色斑点。这种鱼属于比较胆小的鱼，喜欢在岩石下面筑巢（避难所），因此最好在水底放置多个珊瑚岩，其中较粗的珊瑚砂和较细的珊瑚砂的比例是1：1，并且铺的厚度在8~10cm为宜。这样它们就能很快筑巢（成对的鱼会在巢穴内产卵以及培育幼仔），精神上能够得到放松，也有益于进食。饵料方面喜欢卤虫等活体饵料。●全长：10cm。●栖息地：东部太平洋。

大帆鸳鸯
Opistognathus aurifrons

虽然人气很高但进口量并不大。这种鱼的一种常见姿势就是从自己在水底挖掘的巢穴中探出身体朝四处张望。用口腔方式繁育幼仔，因此如果是成对的鱼不知道什么时候嘴里就会多出鱼卵来。●全长：10cm。●栖息地：大西洋。

在水底筑巢的小型美鱼

　　鸳鸯鱼属于在水族箱底部的砂石中挖掘巢穴的小型美鱼。一般情况下，进口的漂亮鸳鸯鱼就是这里介绍的这两种，不过把它们养殖在珊瑚装饰性水族箱中一定会带来很多的乐趣。那种体形娇小的样子非常可爱，而且它受到惊吓急急忙忙钻进巢穴的样子也很有趣。

从巢穴中探出身子确认周围是否有危险的大帆鸳鸯

珊瑚装饰性水族箱中养殖的面具神仙

大型海产神仙鱼和珊瑚水族箱

　　大型海产神仙鱼对珊瑚产生危害的可能性很高，因此除了一些不了解这方面的知识而贸然将它们混合养殖的爱好者之外一般都不会将它们放到水族箱中养殖。但也有海水鱼爱好者明知其危害依然将大型神仙鱼放到珊瑚装饰性水族箱中养殖的。他们之所以这样做是考虑到海洋都是一体的，大型海产神仙鱼会吃掉一部分珊瑚也是自然现象，无法避免的。

　　虽然这个道理也说得通，但事实上一般的海产生物爱好者是不会模仿这种养殖方法的。顺便提一下，在上面这个养殖着面具神仙的水族箱中确实并未看到明显的珊瑚被吃掉的现象。

第六章
珊瑚水族箱中的海藻

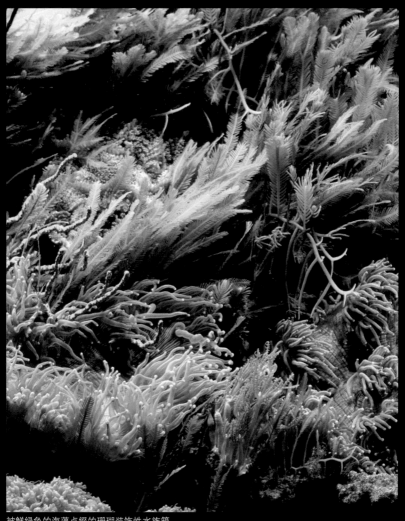

被鲜绿色的海藻点缀的珊瑚装饰性水族箱

羽毛藻
Caulerpa sertulariodes

呈鸟羽形状的绿藻。它是比较容易培养的类型，但如果环境产生变化就容易溶解。喜欢强光。●栖息地：印度洋、太平洋西区。

杵藻
Caulerpa sertulariodes

比较大的海藻，叶子形状像杵一样故而得名。培养不是很难。有时会从印度尼西亚进口。●栖息地：冲绳以南。

扁平岩藻
Caurelpa brachypus

扁平状的叶片是它的主要特征。水族箱内茂盛的绿叶看起来很漂亮，但如果水质恶化一夜之间就溶解了。所以平时要保持良好的水质。●栖息地：太平洋~印度洋。

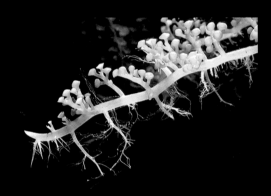

千成藻
Caulerpa racemosa var

带有球状叶片的绿藻。生长比较快，如果养殖条件充分很快就能长得枝繁叶茂。在明亮的环境中能长得很茂盛，但如果长得不是很好就给人一种冗长的感觉。●栖息地：冲绳以南。

海藻与珊瑚装饰性水族箱

　　以珊瑚为中心的装饰性水族箱本来是供人观赏的，但如果里面只有珊瑚就会让整个水族箱显得比较单调。

　　如果在水族箱中养殖适量的海藻，则海藻的绿色会使整个水族箱更具观赏性。当然最终要做成什么样的珊瑚装饰性水族箱还得看制作人的爱好。

　　但如果不单单是自己一个人欣赏的装饰性水族箱（还有家人或朋友等），建议适度地添加一些绿色海藻。因为海藻的绿色对眼睛有好处，能给人一种放松的感觉。而且给水族箱适度添加一些可以让人联想到新绿的绿色海藻也能起到让珊瑚颜色更加醒目的效果（因为颜色互补的关系，海藻的绿色可以让红色显得更加漂亮）。

开始溶解的海藻。如果变成这种情况，到完全溶解就只是时间上的问题了，这时候有必要将它们取出来

海藻开始溶解的话比较危险！

　　海藻虽然在珊瑚装饰性水族箱中可以弥补颜色上的不足，并给人呈现出视觉效果较好的绿色，但它拥有的并不全是优点。其缺点是海藻溶解后会有水质恶化的危险。当海藻周遭的环境开始恶化并超出其生理界限时其本体就会在1夜~几天之内完全溶解。特别容易引起海藻溶解的因素是由于海藻过于茂盛造成的水族箱内二氧化碳不足以及照明灯光更换时带来的光量及光质的急剧变化。如果出现这类情况导致大量海藻开始溶解，必定会给水质带来恶劣影响。

　　如果发现有海藻开始溶解了，将溶解部分大范围地摘除也能够阻止海藻继续溶解。如果无法阻止，要尽早将海藻从水族箱内取出来。

　　另外海藻过于茂盛的话，一方面会遮挡住珊瑚需要的光，另一方面万一溶解时会给水质带来很大的影响，因此平日里要勤加修剪，维持适度的海藻。

蠕环藻
Neomeris annulata

偶尔进口的海藻中有以十几个棒状个体为一个集团附着在珊瑚石上生活的品种。棒状个体端部看起来像笔刷一样。●栖息地：太平洋、印度洋。

浒苔
Caurelpa prolifera

拥有细长扁平状叶片的海藻。它的根附着在岩石上生长。这种海藻通过叶和茎获取生长过程中所需要的营养成分。●栖息地：太平洋、印度洋。

厚节仙掌藻
Halimeda incrassata

进口比较多的仙人掌海藻。培养过程中需要强光照明。在海藻中属于生长比较缓慢的一类，所以适合在珊瑚装饰性水族箱内养殖。●栖息地：冲绳以南。

挂铃藻
Caulerpa peltata var nummularia

由高拠海藻变异而来的海藻。小型的伞状叶片沿着小枝连续分布。环境恶化之后一夜之间就会溶解。●栖息地：冲绳以南。

海葡萄海藻
Caulerpa lentillfera

拥有像葡萄一样的球状叶片的海藻。在海藻中属于比较容易培养的一类，对水质的恶化有一定的抵抗能力。●栖息地：太平洋、印度洋。

张开大嘴打哈欠的泗水玫瑰

数量锐减的泗水玫瑰

只生活在印度尼西亚近海海域内的泗水玫瑰属于珊瑚水族箱中混养的鱼类，具有很高的人气，而且也是一般的海水鱼水族箱内很受欢迎的鱼类。作为观赏鱼在全世界都很有名，听说每年大约有九十万条左右被打捞起来并输出到世界各地。由此看来，现在的野生个体数量明显锐减，一些国际性自然保护团体已经开始呼吁要对它们进行保护。虽然养殖这种海水鱼很有趣，但如果全世界这么多爱好者都来购买这种数量有限的特种鱼，野生个体的数量必定会急剧减少。希望那些打捞野生个体进行养殖的海水生物养殖爱好者们不要忘记这一点。

第七章

珊瑚的养殖与
珊瑚水族箱的管理

以珊瑚为中心，精心布置的漂亮装饰性水族箱

珊瑚的养殖

珊瑚的购买与准备

　　根据养殖的难易度可以把海水水族箱中的珊瑚分为很多种。有些珊瑚（如鹿角珊瑚类）如果不能提供合适的养殖环境，移入水族箱后过不了几天就会死去，仅留下骨骼，其余的均会在水族箱中腐烂，也有些珊瑚即便是养殖在鱼的数量偏多的海水水族箱中，只要拥有具备充足的过滤能力的过滤槽就能够正常地生长。对于一些体魄健壮的品种（如水玉珊瑚等），只要有顶部式过滤器和荧光灯，定期适度换水，具备水族箱，用风扇灯就能让它长期健康生长。

　　此外要维持养殖最适合的极其清净的海水非常困难，有一些预算费用相对高但喂食基本不需要花什么工夫的珊瑚（如鹿角珊瑚类），同时也有比较容易买到但需要不间断喂食并且养殖本身就很费时间的珊瑚（如喜阴性珊瑚类、炮仗花等）。

　　像这类在海水鱼专卖店销售的珊瑚中，有些珊瑚被养殖初学者买下之后过不了多久就死掉了，因此在买之前需要深入学习该类珊瑚的相关知识，并向了解珊瑚的店员进行多方面咨询（在一些大型的店里有对珊瑚不了解的临时工作人员也不足为怪，不能因为对方是店里的工作人员就要求对方进行详细地说明）。一般而言，珊瑚养殖比海水鱼养殖的难度要高一个等级，在选择要养殖的珊瑚时必须充分注意。

珊瑚健康生长的海水水族箱是鱼儿快乐生存的理想环境

仔细确认珊瑚的状态

　　海水鱼销售店所销售的珊瑚的状态受其个体进口时的状态以及销售店养殖、管理能力等多种因素的影响很大，所以不同珊瑚状态各有差异。有些珊瑚的状态好得令人吃惊，当然也经常能看到状态明显很差的个体（数量并不少）。因为珊瑚毕竟是一种生物，存在生理极限，这一点无法改变，在购买珊瑚时只能通过自己的眼睛对其状态进行判断。

　　判断珊瑚状态不好的一般特征是：

● 感觉没有精神

● 水螅体萎缩

● 颜色看起来不够健康

●共肉（肉质部分）部分少且有白色骨骼露出

●投放饵料时没有反应

珊瑚的颜色类型

珊瑚有一个特征——即便是同一种类也有好几种颜色。比如，细枝大榔头珊瑚虽然一般都是褐色的个体，但偶尔也会有触手尖部呈漂亮的荧光绿的个体。在那些喜欢稀有品种的人士中，有些人并不会急于买各种各样的珊瑚，而是花大量时间去搜寻珍稀颜色的个体并集中起来，然后再来享受养殖所带来的乐趣。也有人只买某一种特定的珊瑚（比如只买脑珊瑚等），品味同一品种的不同颜色。

简易式比重计

在制作人工海水时，需要使用比重计来调节比重使之与自然海水相同（海水比重的值在自然地海洋中也会因地点及季节的变化而产生一定的变动）。海水的比重一般在1.020~1.023左右。珊瑚的养殖一般以较高的比重值1.025~1.026为宜。

要想知道海水水族箱内的海水浓度（比重）是否合适，只需要用海水鱼专卖店等销售的简易式比重计测量就可以了。比重计的种类分为指针式和波美式，因为指针式比重计便于读取并且测量简便，推荐使用这一类。

如果要精确地测量出海水比重，就需要用研究所里所使

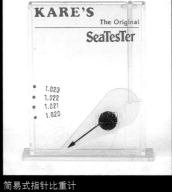

简易式指针比重计

用到的昂贵的专业比重计。但如果仅仅是测量海水鱼养殖参考比重的话，用海水鱼专卖店等所销售的简易式指针比重计就足够了。不过有一点，如果生产简易式比重计的厂家不同，其测量结果可能会有很大差异，因此最好养成一个习惯——测量海水比重时必须使用同一个厂家生产的比重计。这是因为同一个厂家生产的产品即便是简易式比重计也基本没有什么差别。

人工海水的配制方法

关于制作人工海水所用的水，如果只是用于普通的珊瑚养殖水族箱，则使用提前打好并注入超过一天的自来水就可以了。要是能用过滤能力较高的净水器对自来水进行过滤就更完美了。如果配制海水所用的水是井水等水质不平衡且含有各种不纯物的硬水，直接使用这种水可能会使盐类无法顺利溶解，人工海水成分无法达到预期效果，从而导致水族箱内的生物不喜欢这种海水并带来不好的影响，因此需要使用硫黄交换树脂或RO净水器等将硬水转换成近似于纯水的水（不纯物为0的水）。

使用近似于纯水的水来制作人工海水时，盐类的溶解度会很快，并且能做成人工海水厂家所设计的海水，所以对于那些对水质很敏感的鹿角珊瑚，请一定使用这类水。不过对于那些养殖不是很困难的珊瑚来说即便没有考虑这么周到，在养殖上也基本不会出什么大问题。

关于配制人工海水时所用的容器，一般家装中心等销售的，制作上经过强化的塑料制多用途收纳盒，用起来就很方便。将待用的淡水储存到盒中，然后使用预先标好刻度的量杯等按量提取配方盐类并倒入淡水中进行溶解。在溶解时将小型水泵放在里面工作能加快溶解速度。

适合珊瑚使用的水质

在珊瑚养殖中最理想的状态就是在水族箱中倒入与珊瑚栖息地所在海域的海水基本相当的清净水质的海水，并维持这种状态，但实际上即便是大型水族箱，与大海相比水族箱的水量实在是太少了，对于这一点点水量要维持这种理想状态是非常困难的。当然珊瑚中有对水质恶化不是特别敏感，比较容易养殖的品种，也有对水质恶化特别敏感，养殖很困难的品种。虽然适合珊瑚养殖的理想水质就是其栖息地所在海域的海水，不过作为一般的判断标准，对于较难养殖的鹿角珊瑚（浅海系）适合用以下标准来衡量：

●硝酸盐浓度 0~0.05ppm以下（基本检测不出来的水平）

●磷酸盐 0.1~0.3ppm以下

●钙质 450ppm

●KH（碳酸盐浓度）9~12dKH等

当然这类属于比较高的要求，对于很多容易养殖，比较顽强的品种来说即便是水质条件比这要差也能正常养殖。对于这类生物其水质的衡量标准（生存方面较喜欢的水平）如下：

●硝酸盐浓度 5~10ppm以下

●磷酸盐 1ppm以下

●钙质 450ppm左右

●KH（碳酸盐浓度）9~12dKH等

当然除了水质条件以外，照明强度以及促进珊瑚生长所必不可少的微量元素的缺失程度也影响着珊瑚的健康状态，因此没有哪种水质能绝对保证没有问题。

希望能养成习惯，经常使用水质检查试剂以及测量器等对自己管理的水族箱的水质进行检查。珊瑚等生物所栖息的海水水族箱就是只属于你自己的"海"。

关于磷酸盐

磷酸盐是有机物中含量较多的物质，也是生物体内不可缺少的物质。但是在水族箱中容易因给鱼类投放饵料等形成含量过剩。高浓度的磷酸盐是阻碍珊瑚骨骼成长的主要原因之一，要尽量保证珊瑚海水中检测不出磷酸盐。

海藻茂盛的海水水族箱能缓和观赏人的心情。图片中上方的鱼是豆娘鱼，下方的鱼是楠红新娘。另外，如果能让海水水族箱中的海藻长得很茂盛且减少养殖鱼的数量，磷酸盐浓度就能大幅下降

珊瑚的饵料与投放

能在水族箱中进行养殖的珊瑚中，有像海葵一样为了生存必须要不间断地进行捕食的品种，也有只需要少量或完全不需要饵料就能养殖的品种。前者为喜阴性珊瑚（如炮仗花、章鱼足珊瑚等），后者为喜阳性珊瑚，特别是鹿角珊瑚等造礁珊瑚。

喜阳性珊瑚和虾蛄贝、海蘑菇等体内有虫黄藻共生（平均1平方厘米珊瑚就有100~300万个虫黄藻），通过光合作用生成营养成分并提供给共生的个体（虫黄藻生成的营养成分约有30%为自己所用）。因此，有虫黄藻共生的这类海产生物基本上只要有光就能生成。造礁珊瑚从虫黄藻处获得的必要营养成分约占60%~90%。其他不足的部分会在夜间通过伸出水螅体来捕食海水中漂浮的浮游生物进行补充。

因此即便是在水族箱中生长，鹿角珊瑚等对虫黄藻所提供的营养成分也有很大的依存度，养殖者即便不投放饵料、只要有强光照明也能够正常养殖（不过，也会

给万花筒珊瑚喂食。将切碎的饵料用玻璃吸管来投放

捕食一部分漂浮在水族箱中的细微饵料。另外，也需要定期加些添加剂）。因为即便是没有饵料，能进行光合作用的虫黄藻也能每天不间断地向珊瑚提供饵料。也就是说，喜阳性珊瑚的养殖基本可以等同于"虫黄藻栽培"。

不过喜阳性珊瑚中也有对虫黄藻所提供营养成分的依存度并没有那么大的品种（如脑珊瑚或小花束珊瑚等），这类珊瑚的养殖一般以每周1次或2、3次的频率少量投放饵料就可以了。饵料一般把蛤等贝类或甜虾等的肉按照珊瑚嘴的大小切碎并用玻璃吸管吹到珊瑚表面就行；对于嘴较大的珊瑚，用镊子将饵料轻轻地放到嘴边就行。

不过对于这些依存度不大的珊瑚，也有人认为既然完全不投放饵料也没关系，还不如就不投放饵料，这样也能少些问题。确实，对于这些珊瑚即便是完全不投放饵料，只要有光照就能获得虫黄藻提供的营养成分（其依存度不同种类就会有差异），所以不会出现因为饵料不足而变弱甚至死去的情况，都能够正常地生长。另外，珊瑚不存在因排泄粪便以及排出未消化的饵料导致水质受污染的情况，对于珊瑚养殖的初学者而言完全不投放饵料的养殖方法确实能减少很多问题。只不过作为养殖者却无法体会投放饵料所带来的乐趣。

另一方面，对于炮仗花和章鱼足珊瑚等喜阴性珊瑚而言喂食就成了非常重要的管理项目。因为促进这些珊瑚生长的所需要的营养成分以及能量全靠自己捕食的饵料来提供

适合珊瑚装饰性水族箱的小型美鱼。最好同时养殖5~7条

　　喂给喜阴性珊瑚的饵料基本上与喜阳性珊瑚的饵料（蛤和甜虾等）相同，虽然做起来比较麻烦，但最好将饵料喂食至各个水螅体。因为如果不这样做的话，那些得不到饵料的水螅体就会变瘦并很难展开。

　　一般人都会说养殖喜阴性珊瑚比较困难，之所以困难最大的原因在于一旦饵料不足珊瑚很快就会瘦下去并且状态很难恢复。因此，在养殖中需要频繁地投放饵料。

珊瑚水族箱的造景和管理

珊瑚水族箱的造景

　　以珊瑚为中心的装饰对于刚接触造景的人而言应该是一件感觉比较困难的事情。因为要在有限的水族箱中使用珊瑚进行造景就像画画一样，需要灵感（艺术性）。

　　如果暂时缺少完成造景的自信，不妨先大量参考一下别人做的造景照片，先从模仿自己喜欢的造景开始。不管是什么，从一开始就想做成非常具有独创性的高水平作品一般是不太可能的，所以可以先从模仿开始做起。

　　对于珊瑚装饰性水族箱来说，不管再怎么模仿别人的造景，因为里面收容的生物因所处的环境不同会有一定的差异，所以一般来说不管怎么努力都不可能做出完全一模一样的水族箱来。因此不需要特别在意这个，只管模仿那些好的造景就行。

　　对于珊瑚装饰性水族箱来说，一般的方法是将珊瑚岩或活体珊瑚靠后堆高造景，然后以此为平台来布局石珊瑚或软体珊瑚。因此作为平台的珊瑚岩在水族箱内的排列方式基本上就决定了整体布局的印象，这一点要记住。当然，在平台基础上选择布局何种类型的珊瑚左右着最终全景的印象。虽然要想完成一个漂亮的造景是相当耗时间的，但也希望能够有韧劲儿，努力把造景做好，争取打造一个自己喜欢的"我家的珊瑚礁"。

各种海产生物能共存的珊瑚装饰性水族箱，简直就是一个玩味不足的奇妙世界

作为珊瑚水族箱底座的化石和珊瑚岩

以珊瑚为中心构成的造景，其底座就是珊瑚岩和活体珊瑚。珊瑚岩就是以前的珊瑚群体死后留下的骨骼残骸，经过长年石化后的东西。所以它的成分以石灰质（碳酸钙）为主，其优势在于因其为自然存在的物体，所以即便放入水族箱中也不会让人感觉到不协调。

另一种活体珊瑚是石珊瑚（拥有骨骼的珊瑚）的尸骸形成的，表面成为大量细菌及各种微生物等生存场所的一种物体。在近海自然

化石

即便是体形很小的蟹，也会在侵入时忽然变得比较大并给珊瑚带来各种伤害

环境中的石头容易与化石产生混淆，而海水水族箱中使用的化石仅限于由珊瑚骨骼形成的多孔化石，因此在购买时需要多加注意。

近年来，随着邮寄销售的发展买到的水族箱用品正不断地丰富，很多东西都能够很容易买到。化石也能通过邮寄销售的方式买到，但有的可能会在运送途中死去，所以尽可能从信用度高、评价好的海水鱼专卖店处购买。

另外买到的化石有可能是在移入水族箱前散发出了臭味而不能使用的（变成死石的化石）。

夜间遭到蟹袭击并受到重伤的斐济雀鲷，过一段时间后会完全恢复

除此以外，在买入后的几天内，最好在其他过滤比较充分的水族箱中对化石进行强烈的吹气作业（硬化），然后再转移到想要造景的养殖水族箱中。因为通过这项作业可以除掉化石表面附着的不纯物。

同时，在化石表面也经常出现对其他鱼类产生危险的生物体（如蟹、蛄等）潜伏的现象。如果将这些生物带入水族箱的话，在它们成长起来以后会在夜间袭击鱼类并将鱼吃掉，即便是鱼没被捕获也多半会受到重伤，因此要特别注意（蟹有时也会

由多个珊瑚岩所构成的水族箱的横向照片。左侧为水族箱正面

将重点养殖的缨鳃虫等的管打破并将中间的本体部分吸食掉）。要想阻止这类不招自入的侵入者，只能从一开始就对化石进行仔细地检查。如果有预备水族箱的话，可以先暂时将化石放在预备水族箱中进行检疫。

其次，海水鱼专卖店等所销售的化石品质有很大的偏差，其中有石灰藻（紫色藻）等海藻附在表面的化石大部分都是比较好的一类，可以把这个作为一个衡量标准。

化石的结构为多孔质，既有厌氧层也有脱氮过滤的功能。利用这一功能形成了柏林方式、摩纳哥方式等被通称为天然系统的过滤系统，如今采用这类过滤系统进行珊瑚养殖的人在逐渐增加，特别是在天然系统的养殖中，这类化石是必不可少的东西。

这类化石实际上也是各种微生物及细菌的住所，当水族箱内养殖的海水鱼患了白点病后如果为了治疗而将硫酸铜投放到海水中，不仅珊瑚，连化石表面的微生物及细菌也会被全数消灭，一定不能使用。因为在通过天然系统对水族箱进行过滤的系统中，如果化石表面的微生物及细菌被全数消灭，就意味着水族箱内的平衡会立即崩溃。

适合珊瑚养殖的过滤系统

●柏林方式

通常被称为天然系统（在水族箱内再现自然过滤循环的方法）的一种过滤系统。这种过滤系统不设置以往的过滤槽（物理过滤槽或生物过滤槽），完全依靠水族箱内的自然净化能力进行过滤的系统。与普通的过滤方法相比需要较多的知识，可以说是一种适合高水平养殖者的过滤系统。因为不会设置以往的过滤槽，取而代之的是蛋白质分离器（关于蛋白质分离器的详细介绍请参见P168的内容）。这种过滤系统的原理是，用蛋白质分离器将有机物通过过滤槽（事实上并没有过滤槽）进行过滤、分解之前排出水族箱，未完全排出的部分则是水族箱内被收容的化石（在天然系统中其存在价值与蛋白质分离器同等重要。关于化石的详细介绍请参见P162的内容）。表面寄居的无数好氧性细菌分解成了硝酸盐，分解后的硝酸盐又被岩石里面的厌氧性细菌进一步分解并还原成氮，最终以氮气的形态通过水面释放出去（从海水中消失）。

当这种模式充分发挥作用时，因为没有设置以往的过滤槽，以前的过滤系统中被过滤细菌所分解并最终大量堆积在水族箱内的硝酸盐在这种柏林过滤系统中将得到大范围的消减（大部分作为硝酸盐来源的有机物在分解前已被蛋白质分离器清理掉了，另一部分又经过活石内部厌氧性细菌等的硝酸盐消减作用（氮气还原）而被释放掉。也就是说不需要频繁地进行换水就能解决问题（前提是能够发挥预期的作用），可以说是一种简化了换水作业的过滤系统。同时，因这种过滤系统能很轻易地使硝酸盐被消减，它所维持的水质非常适合珊瑚的养殖。不过这种方式并不具备很强的过滤能力，所以它最大的缺陷就是无法承受大量鱼类的养殖。

●摩纳哥方式

基于与柏林方式类似的理论形成的一种天然系统（在水族箱内再现自然过滤循环的方法，摩纳哥水族馆拥有专利）。不仅利用好氧性细菌，同时也利用厌氧性细菌在铺得很厚的砂石深处（摩纳哥水族馆本来的砂石厚度为1m）活动，它是实现还原过滤功能的一种过滤方式，适合比用柏林方式水平更高的养殖者。一般的水族箱中砂石厚度不可能达到1m，为了制作仿真厌氧性环境，一般在水族箱底面铺上栅格状的板子做成止水带，然后在上面铺上10~20cm以上的珊瑚砂。这层底砂就成了进行好

珊瑚水族箱中欢快畅游的泗水玫瑰鱼群

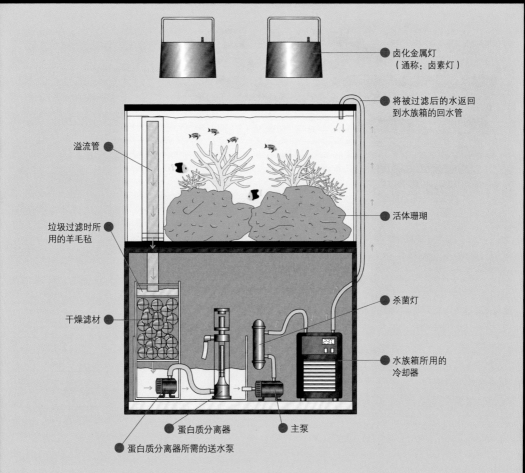

卤化金属灯
（通称：卤素灯）

将被过滤后的水返回
到水族箱的回水管

溢流管

活体珊瑚

垃圾过滤时所
用的羊毛毡

杀菌灯

干燥滤材

水族箱所用的
冷却器

蛋白质分离器

主泵

蛋白质分离器所需的送水泵

● 将蛋白质分离器与活体珊瑚、干燥滤材进行组合的珊瑚养殖海水系统。主要的过滤装置为蛋白质分离器，同时也利用干燥
滤材和活体珊瑚。在这个示例中虽然水族箱底部没有铺砂石，但如果要重视水族箱内的自然感觉并希望通过底砂来实现一定
的过滤效果的话，也可以铺上一层薄薄的1cm厚的细砂（不过内部容易产生稍许杂质堆积）。水族箱底部铺的砂一般以珊瑚
砂等为比较细且内部不容易堆积有机物的砂为宜。珊瑚养殖的海水水族箱养殖系统有很多种类，在制作时比较快捷的方式就是
直接和专门的海水鱼销售店进行商量。

氧过滤（砂石上层）、厌氧过滤（砂石下层）的地方。另外，通过制
作止水带（基本没有氧的地方）让厌氧性细菌变得活跃从而促进还原
过滤，将珊瑚砂溶解并向珊瑚提供钙质。

　　不过，它的过滤能力与柏林方式一样都不是很高，完全不适合以
鱼为中心的水族箱，很难实现稳定运作。另外，应用摩纳哥方式的过
滤系统时会用到底砂，所以要让细菌定居下来需要很长的时间（到发
挥过滤作用需要很长时间），它对技术的熟练程度要求很高，除了那
些水平很高的养殖者以外一般不推荐采用这种方式。

设置有蛋白质分离器的过
滤系统

争斗的珊瑚

美丽的珊瑚装饰性水族箱中的成员都是活生生的生物，虽然看起来貌似很和谐，实际上它们为了自我的生存都在悄悄地进行激烈的争斗。如果观察不仔细，可能看到的仅仅是美丽的水螅体在伸展，就像大型的花在盛开一样，而实际上这些珊瑚大多都在和旁边的珊瑚进行争斗。

珊瑚会长出坚硬的骨骼并在成长中不断增大。因此，别的珊瑚的存在对于珊瑚的成长而言无疑成为了障碍。

因此当珊瑚感知到别的珊瑚向自己过于靠近时，就会伸出触手进行攻击，通过尖端刺胞中的毒液对对方进行攻击（这种伸长的触手又被称为清洁工触手）。当然，有的受到攻击的珊瑚也会同样伸出触手进行反击，但珊瑚种类不同，其攻击力（刺胞毒性的强弱）会有差异，一般较弱的一方大多是受害的一方。

如果持续受到这种攻击，受害的珊瑚就会变弱（以被刺的部位为中心形成局部虚弱），所以在平时观察珊瑚时要尽早发现珊瑚间的"争斗"，一旦发现就应该迅速将其中一方移动到触手（长长的触手）够不着的位置。

关于珊瑚的固定方法

市场上销售的水族馆所用的水中黏接剂都是对鱼类以及其他生物体无害的产品，对于固定水族箱中不安定的珊瑚非常有效。很多人想根据珊瑚岩的形状来放置珊瑚并保持珊瑚与岩石之间的关系，但通常无法顺利地实现安定化。水中粘接剂就是在这个时候派上用场的便捷商品。当然在其他方面，如化石与化石之间、珊瑚与珊瑚之间、岩石与岩石之间也能够自由地进行固定。

另外也有鹿角珊瑚爱好者指出，如果将这种粘接剂用于固定那些被总称为深海系列，对水质特别敏感的种类（养殖困难的种类）的话会带来恶劣影响。关于这一观点的真实性暂时还无法判断，不过可以作为参考。

珊瑚水族箱中苔藓的清理工

水族箱内被强光照射的珊瑚岩不是活体岩石（活体珊瑚），所以会长出各种苔藓。在这方面比较活跃的是高臀卷贝。如果在水族箱中放入几个卷贝，经过一段时间后你会惊奇地发现那些碍眼的苔藓（一部分）居然被卷贝吃掉了。

高臀卷贝给人的印象是很朴实的一种海产卷贝。作为清洁海水水族箱的贝类，在海水鱼销售店内有销售。壳的直径约为4cm，体形并不是很大，所以并不能一下子就将苔藓全部消灭干净。但能起到一定的作用

仔细观察珊瑚装饰性水族箱会让人产生一
种身在珊瑚礁水中的错觉

珊瑚养殖用品

蛋白质分离器

这种装置是针对那些养殖海水鱼不顺利以及想养殖海产无脊椎动物的人而开发的。此装置会向流过本体内部的海水吹出细微的气泡，利用有机物容易聚集在水与空气的临界面的性质将海水中不需要的蛋白质等有机物通过气泡的形式从海水中分离出来。这是一种将海水中的有机物聚集成气泡进行分离的构造，也就是说是在进行生物过滤分解（按照：有机物→氨→亚硝酸盐→硝酸盐的顺序进行分解）之前将能转换成有害的亚硝酸盐的材料——有机物从水族箱内排放出去的装置。

蛋白质分离器中有空运式的分离器，也有被称为马达式的分离器。虽然选择哪一种要根据自己的预算和养殖风格、爱好等而定，但空运式分离器因为采用木石，容易形成定期性的堵塞，在性能方面还是马达式更为稳定一些。不过空运式的分离器要便宜一些。马达式虽然声音会有些吵，但耐久性比较好。

要在水族箱中养殖珊瑚等生物体，需要一直维持水族箱中水质的良好状态。但水族箱中的水会因为受到珊瑚以及鱼类等生物体排泄的粪便等的污染而使水质恶化。如果水质持续恶化就会导致珊瑚以及鱼类等生物体无法继续生存，因此需要不间断地对水进行净化以维持良好的水质。而维持良好的水质的方法就是设置过滤器或过滤槽。

蛋白质分离器（马达式）

养殖水经过过滤器或过滤槽处理后，其中肉眼能看到的杂质已被清理掉，再经过生物过滤，槽内的多种细菌将水中的氨分解成亚硝酸盐、硝酸盐。因此，最终残留下来的硝酸盐会不断在水族箱内蓄积。虽然硝酸盐对生物体的伤害比较小，但如果含量过高仍会带来不好的影响（特别是对珊瑚类比较敏感）。

经过这一系列过滤之后，最终能排出硝酸盐的唯一手段就是换水了，不过如果使用蛋白质分离器，就能够在初期阶段将那些在生物过滤阶段最终转化成硝酸盐的有机物（也就是硝酸盐的原材料）大量地清理掉，从而减少换水的频率。

从这一层面来看蛋白质分离器确实是一种非常有效的装置，但使用它进行珊瑚养殖时也有几个问题需要注意。那就是当有机物被清理时，那些珊瑚需要的元素也同样被清理掉了。因此，在使用蛋白质分离器进行珊瑚养殖时，要将不足的各种成分以添加剂的形式经常进行补充。不过，珊瑚需要的微量元素中还有一部分是属于未知的，不能因为采用的是蛋白质分

各种海水水族箱用添加剂。特别是对于配备有蛋白质分离器的水族箱中的海水，珊瑚生长所必须的成分容易随着有机物等杂质的清理而流失，希望能使用这类产品中无脊椎动物专用的添加剂（珊瑚用添加剂）来定期补充碘、锶、铁、镁、钼、硼等容易缺失的成分。使用量与频率请参照说明书，持续使用肯定能感受到明显的效果（最理想的方式就是将规定量的元素分成少量频繁的投放）。不过，要注意投放过量反而会给珊瑚造成伤害。另外，辅以各种维生素的添加剂对珊瑚的养殖也有不错的效果。

离器就完全不进行换水，要知道通过换水方式来补充珊瑚生长所必需的微量元素是一种必要的手段。当然，与未使用蛋白质分离器的养殖中所需的换水频率相比要明显低很多。

在购买时如果预算充足，希望不要只买一个刚好和水族箱尺寸相匹配的机种，而是尽量买一个能力有余的蛋白质分离器。因为在前文中已提到过，在养殖珊瑚的海水水族箱中，珊瑚生长中不可缺少的成分（碘等）会被蛋白质分离器不断地清理掉，在使用蛋白质分离器进行珊瑚养殖时，分离器的能力与缺陷是密不可分的，所以要充分意识到这一层关系，然后再加以充分的活用。

水族箱内生物越多，作为硝酸盐来源的粪便（有机物）就越多，其结果就是加快水质恶化的进程

卤化金属灯（卤素灯）

卤化金属灯

这种照明装置被通称为卤化金属灯。具有能发出超强光的性能，是让以前养殖特别困难的鹿角珊瑚等造礁珊瑚（生长需要强光）变得能够养殖的重要因素之一。虽然不是所有的珊瑚的养殖都需要这种装置（对于某些珊瑚可能显得光照过强），但对于生长中必须要强光照射的珊瑚而言是必不可少的装置，所以很多珊瑚爱好者都爱用这种卤化金属灯。卤化金属灯所发出的强光对于那些珊瑚水族箱中的喜阳性珊瑚（特别是喜欢强光的种类）以及虾蛄贝类等对光合作用依存度很大的生物来说是一种很重要的器具。

这种卤化金属灯是水银灯的一种，拥有很高的性能，即便是很小的灯也能发出至少是荧光灯10倍以上的光。卤化金属灯甚至能发出可比拟"热带地域特有的高强度太阳光"的人造光。卤化金属灯虽然是能提高养殖者的信心的装置，但即便是很小的灯在水族馆用品中也是很昂贵的商品（从几百元到超过上万元的面向高端用户的产品，各种各样的都有），并且因为要发出强光，所需的电费也比普通的照明要高出很多，同时为了维持强光，1年内至少需要更换1次灯泡，保养费用也很贵。所以在买入时最好先将保养费用考虑清楚之后再做判断。

卤化金属灯作为水族箱用品，其种类非常丰富。其中也有可以让海水鱼等看起来更加漂亮的，和荧光灯组合起来使用的类型。灯泡的种类也有可发出强光及高色温的灯泡和不带颜色的白色灯泡等类型，可以根据自己的爱好进行选择。在鹿角珊瑚的爱好者中许多人对照明很讲究，为了提供更强的光以及提高养殖效果，很多人喜欢将能发出白色光与蓝色光的灯进行组合使用，并且对于大型水族箱还会设置多个（2~5个以上）卤化金属灯。

卤化金属灯的光通量标准为90~120cm的水族箱设置1~2个150w的灯，为了让喜欢明亮环境的鹿角珊瑚呈现出更加漂亮的颜色，同等条件下水族箱可设置1个250w的灯加1个150w的灯或者2个250w的灯。虽然能发出强光的卤化金属灯经常用在鹿角珊瑚的养殖中，但也经常被用于那些水质特别好的光照稍暗一些也能养殖的珊瑚环境中的。

4灯式水族箱用荧光灯

这是一种ADA墨田水族馆最先销售的4灯式荧光灯。为了将荧光灯内容易引起起雾的热量排出，甚至安装了电动风扇。同时，它可以根据需要只点亮其中的2盏灯，是一种使用很方便的设计，应该能在珊瑚养殖上活用起来。

4灯式荧光灯

水族箱用荧光灯

60cm的水族箱所用的荧光灯有带一根荧光灯管和带2根荧光灯管这两种。2灯式荧光灯因为能发出1灯式荧光灯两倍的光，所以比较适合喜阳性珊瑚。不过，因为光照没有卤化金属灯强，所以不太适合鹿角珊瑚类的养殖。对于未设置上方式过滤器的60cm水族箱而言，能够设置2台2灯式荧光灯，其总瓦数达到了20w×2根×2台=80w的大光量。

2灯式荧光灯

各种滤材

滤材

市场上销售的滤材商品有很多种，大致上可分为生物滤材和物理滤材。生物滤材如珊瑚砂等，为细菌提供栖息场所并让细菌大量繁殖，然后通过细菌将养殖过程中产生的有害物进行分解。物理滤材将杂质通过物理方式排除。关于这两种滤材的实际使用方法有各种各样的说明，其中最关键的要点应该就是根据水族箱内生物的总量（和它们的排泄物等）进行变化了。顺便提一下，有一种关于生物滤材的说法，不管其使用量为多少，都会有和所养殖生物体产生的粪便、氨、饵料的量成比例的细菌存在。

一般养殖开始以后，很多人会因为养殖的乐趣而追加购买，因此考虑生物滤材的量时最好能预留一些余量，而不是仅仅满足现有的养殖数量。

另外，由于物理滤材不足导致海水中的细微浑浊物（细微浮游物）无法完全过滤掉时，最好再配备辅助过滤器。这只是一个备选项，大家可以记住。

24小时计时器

一般电器店内销售的产品。对于热带鱼水族箱来说，照明的使用一般通过ON、OFF来进行控制。并且，为了防止产生苔藓，海水水族箱的照明时间一般以1天8~10小时为宜。

24小时计时器

臭氧发生器

应该从名字上就能推测出来，它是可以产生臭氧的器具。与杀菌灯一样，臭氧具有杀菌、除臭、防止苔藓的效果，其中最大的效果在于通过将臭氧融入到海水中，除了能分解水中的氨之外还能对养殖水中漂浮的细菌和病原菌、寄生虫等产生高效杀菌效果。虽然有的紫外线杀菌灯也能产生臭氧，但它们的量很少，这种产品可以产生足量的臭氧。不过，臭氧属于对人体有不良影响的物质，可能在对器具进行设计研究时就考虑到了它们安全性能，所以在水族馆用品中属于价格昂贵的产品。

臭氧发生器

臭氧发生器有一个缺陷，就是当周围的湿度很高时无法生成臭氧，所以对于湿度较大的日本气候而言，这种产品可能不太适合。因此，在向臭氧发生器输送空气前，应将空气通过装有干燥剂的大型气筒（空气干燥器），将它充分除湿之后输入臭氧发生器，这样一来就能有效地生成臭氧了。另外，虽然很多人会采用在蛋白质分离器中生成臭氧气泡的方法，但因为臭氧能促进有机物的分解，导致蛋白质分离器可分离的有机物减少，结果反而会影响效果。如果想让臭氧发生器的杀菌力充分体现出来，应尽可能分开设置。

水族箱用风扇与水族箱用冷却器

夏季天气炎热，水温会上升到珊瑚等海产生物无法忍受的温度（30℃以上），因此必须采取一些降温的措施。主要靠风扇冷却器和水族箱冷却器来降低水温。

风扇是小型水族馆所用的扇风机。通过扇风机来产生风，风对着水面吹会产生汽化热（水蒸发过程中吸收热量），从而起到降低水温的作用。对于海水鱼而言，水温过低会导致鱼类患上白点病的危险性增大，因此必须使用恒温器来维持合适的水温。

风扇比较适合小型水族箱，而冷却器比较适合大型水族箱。它与家庭所用的冷却器的构造不同，冷却部分与废热部分合二为一，因此能将水族箱内的水温保持在设定的温度，不过室温会因水族馆所用的冷却器排出的废热而上升。将本体放置到阳台上是处理废热的有效方法。

杀菌灯

市场上销售的杀菌灯主要以筒状类型居多。这种器具的工作原理是：在筒状部分内实现海水的循环，用具有超强杀菌力的紫外线对海水进行照射，将养殖水中漂浮的细菌、病原菌以及寄生虫等杀死或减少。如果能采用比水族箱尺寸偏大的产品，其效果会更好，经常能听到"病已经基本得到抑制了"一类的评价。

它最出名之处在于对细菌及病原菌有很好的抑制效果，同时对苔藓也一样，还能提高水族箱内海水的透明度（褪去黄色）。虽然水族箱中附着的苔藓无法通过杀菌灯的内部，但因为它能够杀死水中的苔藓孢子，从而可以明显感受到它对苔藓的抑制效果。另外，杀菌灯不仅对海水有脱色效果，还有除臭效果。

虽然杀菌灯有各种优点，但也存在"把水族箱内必要的细菌及浮游生物都杀死了"等缺点，所以也有人对它敬而远之。不过，它对白点病所起的显著效果是显而易见的，所以对于容易患白点病的鱼类的养殖，或是需要预防患病的养殖珊瑚等无脊椎动物的装饰性水族箱（完全不能使用硫酸铜来治疗白点病）等来说确实是一种很有帮助的器具。使用的时候要注意杀菌灯的寿命，如果超过规定的使用时间应定期更换发光体（灯泡）。

杀菌灯

碘杀菌筒

使用碘球杀菌的器具。在水族箱内有水流的地方设置装有碘球的杀菌筒，养殖水进入杀菌筒后细菌及病原菌（白点病的幼虫等）会附在碘球上并与碘发生反应从而达到杀菌的效果。因为碘不溶于水，所以对海水鱼等完全没有影响（不过也有人说多少还是有点害处的）。与紫外线杀菌灯相比，有时候这种使用碘球杀菌的方法产生的效果更好。另外，因为杀菌效果会随着水族箱总水量的增加而变差，所以有必要根据总水量按比例增加台数。同时，由于碘球在水族箱中使用时它的表面会形成膜状脏污从而导致效果下降，可以1周进行1次清理，一边擦拭表面一边用流水冲洗，这样就能恢复它的效果。

碘杀菌筒

石灰水添加器

　　所谓的石灰水添加器是指将氢氧化钙溶于水之后的饱和溶液直接添加到水族箱内的装置，主要用于补充养殖水族箱的海水中容易缺失的、促进硬体珊瑚骨骼生长所需的钙质。它和钙反应器的不同之处在于价格便宜且设置很简单。

　　不过虽然能够补充钙质，但容易引起pH值上升、KH值下降，因为钙浓度与KH值成反比例关系，所以调整很困难。因此，在使用这种装置时要细心地观察，这是很重要的。

钙反应器

　　珊瑚装饰性水族箱中海水的钙成分会在石珊瑚（硬体珊瑚）等海产无脊椎动物的生长中被消耗掉，如果持续不添加钙质容易形成钙成分不足，从而影响石珊瑚的生长。硬体珊瑚就是"拥有骨骼的珊瑚"，而骨骼的形成就需要消耗钙质（实际上也会消耗除了钙质以外的很多微量元素）。如果硬体珊瑚持续不断地消耗养殖水（海水）中的钙质，钙成分就会转换成碳酸钙并形成沉淀，如果不使用器具就很难提升水族箱内的钙浓度。而能够实现这一点的较好方式就是使用钙反应器。

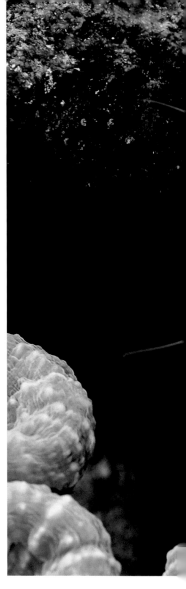

　　钙反应器的功能是通过内部的钙媒介将二氧化碳溶解来降低海水的pH值，从而产生石灰藻生长所必需的钙离子和碳酸氢根离子，以此来保持一定的钙浓度和KH值（碳酸盐浓度）。钙离子如前文所述，是珊瑚骨骼生长的必要成分，如果能保持海水的钙离子浓度在每毫升350~450mg的话，珊瑚就能健康成长。

　　但是这种钙反应器在水族馆用品中属于非常昂贵的产品，设置的时候还需要二氧化碳气瓶、调节器（气瓶的减压阀），把这些设备的价格全部加起来是一笔很大的费用。不过由于结构比较简单，听说也有人自行设置。

　　市场上销售的钙反应器大致上可以分为两种，一种是养殖水从反应器本体上方自然流往下方，另一种是从反应器下方向上吹养殖水。自然流动式的优点是结构简单，二氧化碳不容易在内部滞留，缺点是因溶解而呈泥泞状，网口媒介容易形成堵塞。而吹气式与此相反，其优点在于媒介不易堵塞、效率高，缺点在于二氧化碳容易滞留导致泵空转。

　　钙反应器是保持钙成分平衡、提供稳定的钙值的装置，因此对于生长中需要钙质的鹿角珊瑚来说是不可缺少的装置，但如果使用不当可能导致一些问题出现，需要特别注意。比如说，如果水族箱内没有消耗KH以及钙质的生物却还让钙反应器工作，这样KH就会过剩并上升，从而给其他生物带来恶劣影响。另外，如果在硝酸盐及磷酸盐较多的水族箱中使用钙反应器，不只是珊瑚，藻类也很喜欢，其结果就是藻类大量繁殖。以此看来，不消耗KH和钙

悬吊在水族箱中有洞窟的顶棚上的火焰虾

质的水族箱是指：

① 只养殖海水鱼的水族箱。

② 只养殖软体珊瑚的水族箱。

③ 虽然养殖的是硬体珊瑚，但珊瑚种类只有生长比较慢的脑珊瑚（大花型）、小枝流动花型珊瑚等的水族箱。

④ 数量较多、状态不好、无法观察生长状态的鹿角珊瑚的水族箱。

③、④容易遗漏，要特别注意。

关于KH（碳酸盐浓度）

KH是指碳酸氢根离子的浓度。这种碳酸氢根离子是珊瑚、石灰藻等海藻的必需品。天然的海水中碳酸氢离子的KH为7~8dH左右，但在水族箱中因为水质容易发生急剧变化，因为以9~12dH为宜。

外挂式过滤器

结构简单，主要挂在小型水族箱的边缘上使用。虽然外观效果较差，但价格便宜且过滤能力比较强。不过对于海水鱼水族箱而言，如果不是特别小的水族箱，一般不适合用作主过滤器。

外部式动力过滤器

带有完全密闭式泵的过滤器，通过金属管与软管从水族箱吸取水并在水族箱外部进行过滤。过滤能力较强，但不及溢流式大型过滤槽。

电子式恒温器&加热器

照片左侧是与加热器不可分离的电子式恒温器，照片右侧是可以和加热器分离的电子式恒温器。左侧的类型在加热器断开后需要整体更换。

置入水中的泵

可以向珊瑚提供水流，也能够根据需要在水族箱内制造合适的水流，是一种很便捷的产品。如果能和计时器组合使用还能看到水流的变化。海绵过滤器可作为辅助过滤器使用。

棒状气石

短短的棒状气石。因为放出气泡的部分是陶瓷做成的，所以可以说普通的气石也具有很好的耐久性。

充气装置

气石与扩散器

　　水族箱内海水中的氧气不仅是生物体内必要的物质，同时也是过滤细菌繁殖的必要物质。因为海水比淡水更难溶解氧气，因此要维持充足的氧气就应使用气孔很细的充气装置或者扩散器。只需要设置养殖水从过滤器返回到水族箱的放水管端部就能使大量的氧气溶于海水中。

上方式过滤器

最受欢迎的带泵过滤器。放置在水族箱上方，会影响照明。

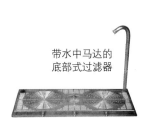

带水中马达的底部式过滤器

底部式过滤器

设置在水族箱底部并在其上方铺上砂石来使用的古典式过滤器。将水族箱的整个底部作为过滤床进行利用，故而过滤能力很高，但需要定期进行大扫除。

加热器

PH试剂

电子式pH测量计

电子式pH测量计
（连续测量类型）

树脂水族箱

各种规格的玻璃水族箱

玻璃水族箱的尺寸从30cm到180cm左右，分很多种（厂家之间互有差异）。玻璃水族箱的优点在于不易划伤，但和树脂水族箱相比具有更重、更高、更容易破损的缺点。如果进行特殊定做，能做到3m左右，价格高达几十万日元。

电子式水温计

盆

可用来清洗砂石等，在处理水草时也能派上用场。直径在50~60cm左右的盆因为比较大，所以用起来比较方便。不过盆的存放会显得比较碍事。

塑料盒

主要作为小孩子养虫子的笼子使用的塑料制小容器。如果有2~3个会带来很大方便。

产下无数卵的印度光缨虫

管虫在水族箱内产卵

　　在养殖各种海产生物的过程中你会发现很多令人惊讶的事情。上图就是偶然中看到缨鳃虫的产卵过程，正好旁边有一台单反相机，从而得以拍摄出这一场景。

　　成熟后的缨鳃虫必然会产卵，这是基本常识，算不上什么稀罕事儿，但对于养殖它的人来说无疑是一件非常惊讶的事情。这张照片里的缨鳃虫产下的卵会很快被过滤器吸走，即便经过几个月之后，在水族箱里的岩石上也不会有缨鳃虫的幼虫孵化出来，但相信一定有很多人都在想"要是能在海水水族箱中繁殖缨鳃虫该是一件多么有趣的事啊！"。如果这种愿望能够实现，不仅是印度光缨虫，连别的缨鳃虫也要一次性大量繁殖，从而把水族箱打造成花田！想必有这种想法的海产生物爱好者一定不在少数！

适合珊瑚的装饰性水族箱

还是白色的砂石比较合适用作海水水族箱的底砂

以鹿角珊瑚为中心构成的珊瑚装饰性水族箱。鹿角珊
瑚会因为养殖海产生物（主要是鱼）等所带来的硝酸
盐（营养盐类）增加以及生存所必需的微量元素缺失
而变得非常脆弱，所以要想顺利养殖珊瑚就应尽量不
在水族箱内养殖鱼类。正因为如此，上图中的装饰性
水族箱中基本没有养鱼

立体结构的珊瑚岩搭配各种珊瑚构成一组装饰性水族箱。呈点状布置的热带尼罗河珊瑚等成为装饰性水族箱中突出的风景。群体游动姿态蔚为壮观的花鮨也在其中

在喜阴性炮仗花珊瑚陪衬下的装饰性水族箱。炮仗花珊瑚在触手未伸出的状态下看起来确实有点不起眼,一旦触手全开就立马变成一道魅力十足、让养殖者大饱眼福的靓丽风景。但要想经常观赏到如此美景,需要养殖者频繁地喂食。如果在喂食方面偷懒,频率过低的话,珊瑚很快就会变瘦,如此壮观的海中之花便会凋谢

将大型万花筒珊瑚布局在水族箱前方，再以各类喜阳性珊瑚为主构成的珊瑚装饰性水族箱。万花筒珊瑚是石珊瑚中较受欢迎的品种，但因其存在养殖困难的一面，所以只要能维持它良好的状态便可算得上一名合格的珊瑚饲养员了

以章鱼足珊瑚或炮仗花珊瑚等喜阴性珊瑚为中心构成的相当
壮观的喜阴性珊瑚装饰性水族箱。喜阴性珊瑚基本都是夜行
性动物，大部分都是在夜间才展开触手，但只要给予一定的
时间让它们习惯，也能让它们在白天将触手全部展开。如果
各类珊瑚都能将其触手全部展开将是一道非常漂亮的风景，
而这道风景也能让人感到所付出的比养殖喜阳性珊瑚更多的
辛劳是值得的

以喜阴性珊瑚中人气最高的
章鱼足珊瑚为中心构成的喜
阴性珊瑚装饰性水族箱。章
鱼足珊瑚是喜阴性珊瑚中体
形较大的品种，汇集多个此
类珊瑚构成的装饰性水族箱
确实是一道极其豪华的风
景。不过维持这道风景也确
实是一件非常不容易的事

以鹿角珊瑚为中心构成的珊瑚装饰性水族箱。
鹿角珊瑚与其他喜阳性珊瑚一样会因生长环境
的变化而出现各种各样的颜色。这种颜色的变
化虽然只是局限于一定的范围内（并不是可以
变成任何颜色），但目前已知的两个重要影响
因素就是照明的亮度和珊瑚本身的品质。因此
鹿角珊瑚养殖爱好者要努力尝试各种光照条件
来最大限度地发掘鹿角珊瑚的美丽的色彩（主
要通过卤化金属灯的高光亮、高色温度照明。
现在的主流是光源不同的多灯型照明）

这种水族箱给人的感觉是仿佛珊瑚礁出现在房屋内

水族箱中汇集了各种颜色的珊瑚

以各类鹿角珊瑚为中心构成的立体珊瑚
装饰性水族箱。通过强化后的照明系统
及制造出清净海水的过滤系统可以维持
良好的状态。水族箱内的水流也经过了
精心过滤，各类珊瑚生长时都能持续地
得到合适的水流

以从上往下的俯视角度拍摄的水族箱又是一番别样的风景

合理搭配喜阴性珊瑚和喜阳性珊瑚从而构建出颇具创意的珊瑚水族箱。各种石珊瑚与多彩的软体珊瑚在装饰性水族箱内相映成趣，给装饰性水族箱赋予华丽的印象。像这类组合风景一般在自然环境中是很少能看到的，这都是根据制作者的想象完成的，属于梦中的海底景观

在宽60cm、高45cm、纵深45cm的高水族箱中构建的简约的珊瑚装饰。这个海水水族箱使用珊瑚岩构筑立体岩石组，即便是偏小的水族箱也能给人一种冲击感。顺便补充一下，在照片中央附近的岩石上游走的体形较大且造型漂亮的虾就是美人虾中的大个子"夏威夷幽灵"，虾左边的鱼是东非火背神仙

以海鸡头或香菇珊瑚等各种软体珊瑚为中心构成的珊瑚装饰性水族箱。作为水族箱平台的珊瑚岩从正面看呈凹形，给人一种自然的纵深感。一般在制作装饰性水族箱时，其纵深方向都容易受到限制，如果要想制作纵深的感觉，最常用的手法就是把这类具有凹形的岩石进行组合并辅以各类珊瑚进行装饰

横向较长的水族箱给人一种静寂感。以
香菇珊瑚等软体珊瑚为主体构成并辅以
多个体积较大的海鸡头（紫菜珊瑚）靠

将大型的珊瑚岩沿着水族箱背面自然布局，在此基础上配置各种珊瑚的简约装饰性水族箱。虽然珊瑚的数量并不多，珊瑚岩空余的部分能直接看到，但它上面会长出绿色的苔藓，这样又构筑了一道美丽的水族箱风景

一对非常稀少同时又非常昂贵的薄荷神仙正在畅游

纵深感很强的珊瑚装饰性水族箱。右侧布局的岩石部分成为营造纵深感的关键所在。在这岩石的基础上搭配海鸡头珊瑚又散发出一种自然的感觉

珊瑚水族箱的设置

布局在正门大厅位置的美丽珊瑚装饰性水族箱

热衷于珊瑚的爱好者的装饰性水族箱。在对高水温抵抗力差的珊瑚养殖水族箱中必须设置专用冷却器

设置有多个照明器具的珊瑚装饰性水族箱（主要是鹿角珊瑚品种）。养殖鹿角珊瑚不仅需要清净的海水，还需要大幅度提高照明系统的性能

按照自己的想法制作水族箱

  如今市场上有各种各样养殖海产生物所需的水族箱产品销售。水族箱的种类大致上可以分为丙烯酸树脂制品和玻璃制品这两种。玻璃制品的水族箱虽然不容易刮伤并且能长时间保持光鲜的外表，但因为在设置大型过滤槽时所进行的溢流加工非常困难，所做的水族箱越大，相比丙烯酸树脂做的水族箱就越贵。

  因此在海洋生物的养殖中一般都使用丙烯酸树脂做的水族箱。

式珊瑚装饰性水族箱。将水族箱嵌入墙壁内使得整个构造外观看来很清爽。水族箱的上部有可翻动的盖子使得保养维护变得更

正门大厅正面设置的美丽珊瑚装饰性水族箱。在水面上设置3台照明器具来向珊瑚提供强光照射

　　树脂水族箱的优点在于比同样尺寸大小的玻璃水族箱更加便宜，同时加工起来比较容易，能做成各种尺寸的水族箱。树脂水族箱一般通过海水鱼销售店进行定做，比同样尺寸大小的玻璃水族箱更轻，在设置大型过滤槽时溢流加工也比较简单。

　　而树脂水族箱的不足之处在于树脂板表面较软，很容易划伤，在使用了几年之后整个表面就布满了各种刮痕。另外树脂水族箱是廉价的粘接性水族箱，使用中可能出现破裂而导致大漏水（如果是重叠状粘接的话就没事）。

　　总而言之，如果养殖海水生物推荐使用树脂水族箱。并且如果想通过定做来制作自己想要的形状，推荐到海水鱼销售店或观赏鱼专卖店定制，这样在过滤系统方面可以得到很多较好的建议。

横向较长的珊瑚装饰性水族箱。红色的珊瑚非常吸引人们的眼球

陈设着各种水族箱的角落。它是在房屋新建时从设计阶段就已考虑到的水族箱专用角落，排水很方便

玻璃做的美丽珊瑚养殖水族箱。对于需要强光照明的珊瑚而言，为了不减弱光照强度一般都不给水族箱盖盖子

水族箱装饰性的小知识

在海水鱼专卖店或观赏鱼专卖店里有各种各样的水族箱出售。特别是海水鱼专卖店以及那些专业经营海水鱼的观赏鱼专卖店，大部分都可以实现海水鱼水族箱的整体定做或部分定做。虽然大部分店里销售的成品水族箱都可以用来正常养殖海洋生物，但如果预算允许，可以和店里商量整体定做水族箱，这样不仅可以按照自己希望的尺寸进行制作，对于左右水族箱整体外观印象的装饰件也可以根据自己的喜好来选择种类及颜色等。当然也可以自由地对珊瑚用的过滤系统进行强化或变更成特殊方式。

在海水鱼专卖店定做水族箱最大的优点在于水族箱安装后产生的问题还可以和专卖店进行协商解决。因为水族箱或者过滤系统都是专卖店自己卖的，针对各种问题也容易对应解决。

玻璃制成的漂亮的珊瑚养殖水族箱与木制水族箱专用台。漂亮的水族箱成为了房间内很好的装饰

在海草莓上面攀爬的海牛

海牛

　　在喜欢珊瑚的海产生物养殖爱好者里应该很少有人会不喜欢体形娇小，外表颜色鲜艳且种类繁多的海牛（一种说法是在世界各大海洋中其种类超过3000种）。然而遗憾的是这类海牛在海水水族箱内进行长期养殖是极为困难的事情，即便是放进水族箱中也用不了多久（最长也就几个月）就会死去，老实说它并不是适合在水族箱里进行养殖的生物。在海水水族箱中养殖海牛之所以特别困难，其最大的原因在于它因种类而异的食性的多样性以及准备饵料（苔藓、海鞘、海绵以及其他）的困难性。真希望在不久的将来能够开发出大多数海牛都常吃的专用人造饵料。

珊瑚&水族箱问与答

在珊瑚水族箱中游动的金头仙（照片中央下）与小丑鱼

1. 在法律上允许养殖珊瑚吗？

答：可能是因为关于珊瑚的话题在报纸或电视等媒体上经常与自然保护相关的报道联系在一起的原因，貌似很多人都误认为"珊瑚在法律上是完全被禁止养殖的生物"（甚至连某些著名报社的记者也抱有这样的错误观念）。确实在种类繁多的珊瑚中也包括CTIES（华盛顿公约、濒临绝种野生动植物国际贸易公约）的附录中被记载的物种（附录共分为三项）。

附录一中记载的物种为"若再进行国际贸易会导致灭绝的物种"（原则上禁止国际性交易的物种。熊猫、大猩猩等）。

附录二中记载的物种为"目前虽未濒临灭绝，但如对其贸易不严加管理，就可能变成有灭绝危险的物种"。附录二中记载的物种就包含有石珊瑚类。日本的珊瑚相关从业人员在进口时，会在准备好出口国的出口许可证基础上向相关省厅提出事情确认书，之后再经过出口国对出口许可证是否有误进行确认，最后才能进口（事情确认制）。

附录三中记载的物种为"公约成员国认为属其管辖范围内，应该进行管理以防止或限制开发利用，而需要其他成员国合作控制的物种"，进口时必须具备出口国的原产地证明书以及出口许可书。

以上就是华盛顿公约的概要，原则上附录一至附录三中记载的物种不仅包括活生生的生物，还包括这些生物身体内的一部分（牙、齿等）、死骸及骨头，若是珊瑚还包括骨骼等，它们均是管制的对象，所以需要特别注意（某些产品的某一成分也是管制对象）。

另外，虽然珊瑚现在还只被记载在附录二中，将来也有可能被记载到附录一中。到那时候，即便是有通过走私途径进口的活体珊瑚销售，也绝对不能购买。如果明知是走私的珊瑚还购买的话就可能会因为违反法律（物种保存法等）受到处罚。

2. 日本国内海域栖息的珊瑚可以私家打捞吗？

答：对于日本国内海域栖息的珊瑚，从物理学角度来说到栖息地进行私家打捞是可能的，但因为大部分都被日本国立公园法或县立公约等禁止，因此原则上不推荐私家打捞。除此之外，即便是那些未被禁止打捞的场所，因日本国内沿岸大多都设定了渔业权，如果在没有获得当地渔业协会的许可证的情况下进行私家打捞，容易被误认为是私自捕猎海螺或鲍鱼、龙虾等经济价值很高的海产物，从而与当地渔业相关人员间产生矛盾，需要特别注意。还有就是，即便找到了法律上完全不受管制的场所，也有必要提前拜访当地的渔师，事先打好招呼，比如"请允许我去打捞点某某珊瑚养在水族箱中！"事先给当地的人打好招呼就不会受到一些不必要的怀疑。

3. 附近没有销售多种珊瑚的海水鱼销售店或观赏鱼专卖店。该怎么查找有珊瑚销售的店呢？

答：最快捷的方法就是在网站上输入"珊瑚"、"海水鱼"等关键词进行检索，如果没有能够连上网络的电脑就只好用那些比较老式的办法了，在这里推荐使用"各行业电话黄页"进行查找。在"各行业电话黄页"中如果能找到观赏鱼店的页面应该就能找到海水鱼销售店或经营珊瑚的观赏鱼专卖店（中度规模以上的店通常会在电话簿页面刊登一些很醒目的广告）。

另外也可以去那些大型书店或观赏鱼专卖店，那里一般会有《鱼类杂志》、《水中世界》等综合性观赏鱼杂志以及《海洋生物清单》、《珊瑚鱼》、《海洋水族馆》（只在观赏鱼专卖店销售）等海水鱼养殖专业杂志销售。通过这些杂志上刊登的广告进行查找可能就会找到附近有珊瑚销售的店。

4. 附近没有大量经营各种珊瑚的销售店。所以在考虑通过网店购买，请问有哪些需要注意的地方吗？

答：原则上网购活体生物肯定是存在一定的风险的。特别是珊瑚，仅仅通过不是很鲜明的销售主页的图片很难判定珊瑚的状态（而且并不是所有销售的个体的图片都能显示在网站上。大多数仅仅是参考照片）。这时主要就看销售店是否值得信赖了。当然在网上值得信赖的、产品优良并且很出名的海水鱼销售店不在少数，同时也应该意识到网上会有一些奸商在里面鱼目混珠。

那么怎样才能尽可能从那些没有问题的商人手上买到想要的呢？这时候就需要看一下那些过往买家的评价信息了。这类信息如果能直接从那些同样对珊瑚养殖感兴趣的朋友或熟人那里了解到自然是再好不过了，同时也可以从网上那些与珊瑚相关的网页中获取一定的评价信息。

另外，如果在那些之前没卖过东西的网店中购买活体生物或器具等产品时，开始时尽量不要买贵的东西，应该先尝试着买一些便宜的东西来考察网店的服务态度。这样一来即便自己对网店的服务并不是很满意，因为买的东西比较便宜就可以早些放弃。相反，如果遇到服务还不错的网店，在下次就可以逐步增加购买额了。

5. 想买一些章鱼足珊瑚养殖。去过附近的海水鱼销售店，现在有一只看来不是很有精神，是否可以买下来呢？

答：珊瑚，特别是喜阴性珊瑚在喂食方面很费时间，同时养殖本身的平均难度明显比喜阳性珊瑚（比如水玉珊瑚）要难一些，因此观赏鱼销售店中所用的水族箱也可能出现状态不好的个体（专业销售店的养殖技术实际上也是各种各样的）。如果是有诚信的店主就

触手松弛地耷拉着、看起来不怎么有精神的章鱼足珊瑚。是否值得购买确实有待考虑

火背神仙极少有成对进口或销售的

会说"这个个体的状态不是很好，最好不要买"，当然不是所有的店主都会这样，而且并不是所有的销售员都能正确地分辨珊瑚的状态。因此，对于买家也需要有能够分辨珊瑚状态的眼力。

一般分辨珊瑚状态的要点包括是否存在感觉不健康的部分、共肉部分是否变少或存在腐烂现象、触手伸展是否有活力、食欲是否旺盛、问一下从买进开始算起过了多长时间等。

不过，对于珊瑚的状态，如果缺少熟知各种珊瑚的经验是很难分辨出来的，所以要努力尽可能多地见识一些珊瑚实体。

状态良好、触手全开的炮仗花珊瑚看起来一副生机勃勃的样子

6. 海水鱼销售店销售的珊瑚是人工养殖的吗？人工养殖的珊瑚市场上有销售吗？

答：我国进口的石珊瑚大多都是野生个体。虽然现在养殖的珊瑚种类还很有限，不过，最近珊瑚的人工养殖个体（=CB个体）在逐渐增加，今后人工养殖的珊瑚会成为进口珊瑚的主导。到那时，珊瑚野生个体群因过度打捞而出现急剧减少的现象应该就能消除了吧。虽然可能还需要很长时间，但今后珊瑚养殖技术的进步值得期待。

金背神仙（雌性）与东非火背神仙（雄性）间极为少有的异种繁殖瞬间。在可自然生长众多饵料的珊瑚装饰性水族箱内，像照片中的成对鱼在成熟后有可能进行繁殖。如果繁殖之后能在过滤器吸走之前将受精卵回收并进行孵化的话，应该是能够培育出很多幼鱼的

7. 珊瑚在水族箱内能进行繁殖吗？

答：对于珊瑚，特别是死后有坚硬的石灰质骨骼残留的石珊瑚，到目前为止好像还没有能在水族箱内成功实现完全繁殖的业余爱好者（日本登别水族馆成功实现了章鱼足珊瑚的繁殖）。不过，石珊瑚在水族箱内进行繁殖应该是一件相当困难的事情（特别是造礁珊瑚品种），当然可以相信它的可能性，值得一试。因为如果能让珊瑚在水族箱内实现完全繁殖，那么这项技能就为保护珊瑚做出了巨大的贡献。

8. 珊瑚装饰性水族箱中养殖的小型刺盖鱼——成对东非火背神仙最近有要进行繁殖的迹象，请问让它们在水族箱内进行繁殖可行吗？

答：如果在珊瑚装饰性水族箱内养殖成对小型刺盖鱼，很多雌鱼都能孵卵并产卵。产卵大多都在饲养员没有观察的时候进行，以至于都被过滤器吸走了。

产卵时间越近，雌鱼腹部就会因为孵卵而胀得越大，通过这一现象就能看出来。雄鱼为了确认雌鱼是否孵卵会在雌鱼后面追逐并频繁地进行诱惑。在双方情绪高涨时就会一起游到水面附近，在一瞬间融为一体并进行产卵和放精，这时候卵开始受精。产卵时雌鱼的腹部会一次性排出数百粒卵并漂在水面。这类鱼产卵后不会守护自己产下的卵，产下后便扔弃不管，所以在自然海域中大多受精卵都变成了其他鱼类的食物了，如果能让鱼儿在水族箱内产卵，并在产卵后将受精卵大量回收，应该就能孵化出很多的幼鱼。因此，现在已经有一些企业开始从事这类鱼的商业繁殖，虽然目前数量还不多，但已经开始有少数人工繁殖的个体进口了。

如果受精卵直径在1mm以下，孵化出来的幼鱼也同样非常小，即便是用作幼鱼初期饵料的卤虫也会因为太大而吃不了。在将这些幼鱼培养到能吃这类大小的饵料之前，需要喂盐水褶皱臂尾轮虫(Brachionus plicatilis)等特别小的饵料（初期饵料是指给刚孵化的幼鱼最开始喂的饵料。饵料的大小一定要保证能让幼鱼吃得下）。盐水褶皱臂尾轮虫可以在自家培养，很多海水鱼专卖店都通过网店等形式进行销售。

与淡水鱼相比，海产鱼类，尤其是观赏性海水鱼繁殖的相关信息因历史较短，并不是太多，而与神仙鱼繁殖相关的信息就更加少了（即便在互联网上搜索，日本国内海水鱼相关主页上也几乎找不到）。除此在外，作为繁殖的对象，它也比小丑鱼的难度高很多，即便如此，因为它是一种很有趣的繁殖对象，对于有兴趣的人来说也是值得一试的（小丑鱼繁殖时，亲鱼会保护受精卵和幼鱼，因此它的繁殖在海水鱼中属于比较容易的一类）。此外，这类鱼很适合在珊瑚装饰性水族箱中养殖，因而具有很高的人气，如果能够繁殖成功，即便繁殖量很大也不用愁找不到买家。而且海水鱼销售店的人说不定也会来订购，或者在网店里销售想必也能聚集很高的人气。

9. 我想在珊瑚水族箱中大量养殖水草水族箱中那些体形较小、外表漂亮的淡水热带鱼，请问可以养殖哪些品种呢？

答：在淡水水草装饰性水族馆中，一般选择同时养殖一群10~20条左右的新红莲灯鱼等同类小型美鱼（全长约3cm），这是因为淡水热带鱼价格比较便宜，外形漂亮，同时大部分鱼类又以群居为主，再加上淡水过滤比海水效率更高，故而在同一个水族箱内能够同时养殖很多条鱼。

侏儒虾虎群。同类之间几乎不会争斗，因此能在同一个水槽内养好几条。这种鱼体形较小，所以对水质带来的负荷也较小

万花筒珊瑚养殖起来相当困难。图片为万花筒珊瑚（虫黄藻脱离、白化后的个体）

　　如果想在同一个水族箱内养殖多条同种的海水鱼，推荐选择侏儒虾虎类可群养的小型虾虎或者丝鳍圆竺鲷、天竺鲷、花鲷等品种。这其中花鲷全长大多都在6~10cm，基本上没有淡水鱼那样小的小型美鱼，因此在群养的时候最好选择大型水族箱（总水量在100~200L以上）。

　　这些鱼中的花鲷在自然海域中通常以一雄多雌的哈林式（Harlem）群居方式为主，根据大多数海水鱼爱好者的养殖经验，这种鱼也可以在水族箱内进行群养，而且比单独养殖时的状态还要好。这是因为保持花鲷的群居生活方式更趋近于自然状态，使得鱼进入水族箱后所受到的这种人工养殖环境带来的压迫感有所消减。

鬼王体形最大不超过8cm，是一种小型花鮨，产自大西洋加勒比海。不仅外表漂亮，对珊瑚也完全不产生任何伤害，因此特别适合养殖在珊瑚水族箱中。不过同类之间会展开激烈的争斗，除非是特别大的水族箱否则不要同时养多条

消瘦后水螅体完全缩回去时的状态的炮仗花。颜色褪去的部分是已经死去的部分

10. 我想尝试一下石珊瑚的养殖，比较喜欢观赏水螅体伸开后的漂亮身姿，倾向于价格适中的花伞形珊瑚。从这类珊瑚开始尝试养殖是否合适？

答：花伞形珊瑚是进口到日本的石珊瑚（死后有石灰质骨骼残留的品种）中自古以来就很受欢迎的品种。在价格方面因为一直很稳定地从印度尼西亚进口，所以在石珊瑚中属于价格适中的一类。但并不能因为它在进口的珊瑚中很受欢迎就认为养殖比较容易。这类花伞形珊瑚对水质及强光的依赖性很高，是石珊瑚中养殖较难的一类。因此，对于初次接触石珊瑚的人一般不推荐养殖这类珊瑚。因为这类珊瑚状态变差之后，虽然不会马上死去，但也会导致水螅体回缩并慢慢瘦下去，最后开始腐烂并形成石灰质骨骼（如果发现开始腐烂应立刻从水族箱中取出来）。

初次尝试养殖石珊瑚，建议先从气泡珊瑚或花束状珊瑚等养殖难度较低的品种开始。

紫玉雷达是一种适合在珊瑚装饰性水族箱中养殖的鱼（照片中为粉头类型）

11. 我现在养殖的是炮仗花，但一直不是很顺利，在养殖过程中它就慢慢变弱以至于水螅体都基本不能伸开了。要正常养殖炮仗花需要注意哪些方面的要点呢？

答：作为喜阴性珊瑚的炮仗花，它的身体结构和造礁珊瑚不一样，它体内完全没有共生的虫黄藻，因此无法通过虫黄藻的光合作用获取营养成分。也就是说它在生长过程中所需的所有养分都要靠自己捕食、消化来提供。

在自然海域它们一般紧紧地附在通潮效果较好的岩壁或海水中有洞穴空间的壁面上。在这类地方通过海流能够带来大量可成为炮仗花饵料的动物性浮游生物，所以一般不存在饵料不足的情况。

相反，对于生活在基本没有动物性浮游生物的海水水族箱内的炮仗花而言，因为无法频繁地少量进食，使得共肉部分逐渐瘦下去，导致水螅体无法伸开，最终死去。

用简单的话概括炮仗花等喜阴性珊瑚的养殖难度就是"明明给它喂食了，可还是慢慢地瘦下去，最后死去"。这种情况是喂食的频率太低或者喂食量不足所致，需要进行调整。在

美丽的荧光绿泡沫珊瑚。触手的数量为万花筒珊瑚数量的12倍

以炮仗花为代表的喜阴性珊瑚的养殖中，需要在注意水质恶化的同时频繁地进行喂食（适度且稍强的水流也很关键）。

要想成功地养殖炮仗花珊瑚，关键一步在于购买时尽可能选择那些状态良好的个体。炮仗花珊瑚即便状态不好也不会立即变弱，而是慢慢地变弱，因此在购买时一定要选择状态良好的个体。对于那些共肉部分已经非常消瘦或有骨骼露出的个体最好不要购买。

在给水螅体未伸开的炮仗花喂食时，最好将饵料放到离水螅体很近却又不会掉进水螅体收缩的凹陷部位的地方，这样就能通过饵料的香味将水螅体引诱出来。如果饵料放置了一段时间还没有水螅体伸出来就需要把饵料取出以免导致水质恶化。炮仗花等喜阴性珊瑚在状态不好时一般不会伸出水螅体，而水螅体不伸开就无法摄取食物，因此喂食作业需要有耐心且每天都坚持。

另外，虽然炮仗花能在各种环境中生存，但20~25℃的养殖水温比一般石珊瑚如气泡珊瑚等养殖所需的25~27℃稍低）能让它更健康地生长，这一点需要注意（在日本，夏季水族箱专用冷却器是必不可少的）。

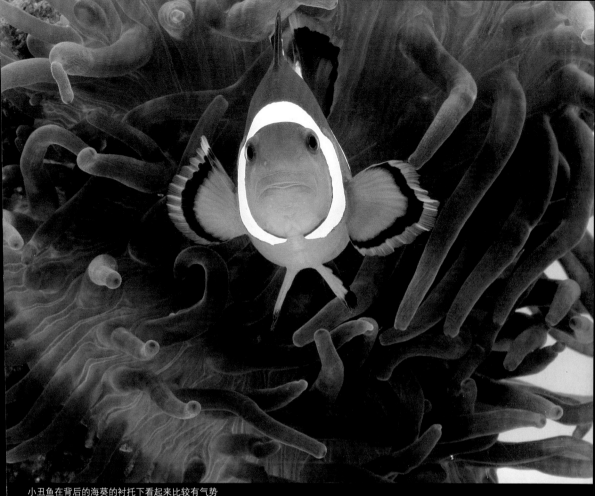
小丑鱼在背后的海葵的衬托下看起来比较有气势

对于以上这类喂食特别费时间的海产生物，如果因为工作的原因无法频繁（每天或两天1~2次）地喂食，比如一周只能喂食1~2次左右，最好就不要养殖了。

12. 珊瑚养殖中水族箱专用冷却器是必需品吗？

答：在各种观赏鱼用品中水族箱专用冷却器是其中较贵的一种。所以没有冷却器的人是否需要购买还有待考虑。但对于那些今后不仅要养殖珊瑚，还想长期养殖其他海产生物的人，水族箱专用冷却器就算不上很贵的用品了。这是因为常年使用水族箱专用冷却器会大大降低水族箱养殖生物在夏季的死亡率。

很多年前曾发生过这样一件事。在盛夏来临之前，有一个海水鱼专卖店向很多客户推荐了价格比较适中的水族箱专用冷却器，却发现店里秋季的营业额比往年低了很多。其中的原因就是以往没有使用水族箱专用冷却器，夏季的高水温导致很多珊瑚都死掉了，于是到了秋季客户就会重新购买进行补充，这样一来店里面到了秋季营业额自然会上涨，但这一年因为

在蓝海星身上休息的粗腿螳螂蟹（Gonodactylaceus falcatus）的年轻个体

使用了水族箱专用冷却器使珊瑚损失率大幅下降，导致店里的营业额难以与往年匹敌。

在购买水族箱专用冷却器时，如果预算比较充裕的话，建议买一个冷却能力稍强的型号。因为能力稍强的机种即便是在超过设计预想的酷暑也能够冷却到指定的水温。

13. 我现在养殖的是日本泡沫珊瑚中的绿色品种。在养殖过程中感觉漂亮的荧光绿慢慢地褪色了，要怎么做才能维持漂亮的荧光色呢？

答：作为各种珊瑚颜色类型之一的荧光色，因为其色彩漂亮而深受珊瑚爱好者们的喜爱。像这类拥有荧光色的个体数量不多，是稀有性很高的品种，也是非常昂贵的品种。事实上在各种颜色类型中为什么会出现荧光色，到目前还不得而知。目前所知道的是珊瑚的颜色主要是体内虫黄藻的颜色，但个体的放置环境（光、水质、水流等）以及珊瑚自身与体内共生的虫黄藻之间的相互作用会影响最终的颜色效果。

但是，一般荧光绿的珊瑚会在强光照明下逐渐变成茶色或褐色。因此在荧光绿日本泡沫珊瑚养殖中如果弱化蓝色系照明（蓝色系的荧光管等）就能够维持漂亮的荧光色。

日本泡沫珊瑚是体内有虫黄藻共生的喜阳性珊瑚，对于拥有荧光色的个体而言，明亮的照明虽然对珊瑚的健康比较有利，但同时也会夺去它稀有的漂亮颜色。

14. **我想换一些养殖的生物，现在正考虑是否将粗腿螳螂蟹或雀尾螳螂虾放到珊瑚装饰性水族箱内养殖，但又听说它们会给水族箱带来一些害处。请问具体是什么害处啊？**

答：粗腿螳螂蟹及雀尾螳螂虾等动物都是体形有趣的甲壳类生物。虽然进口量不大，海水鱼销售店偶尔才会少量进口，但如果向销售店提出需求的话应该不难买到。

这类甲壳生物拥有镰状且非常有力的捕腿，通过它能轻易地敲开贝类的外壳并将里面的肉吃掉。而且连寄居蟹那样坚硬的外壳也能一下子敲破，所以对于由薄玻璃做成的水族箱来说玻璃板很容易被敲破。如果一不小心伸手过去的话它还可能把手指夹伤。这种强有力的捕腿能产生像弹簧一样的打击能力，能使被攻击对象瞬间受到很大的冲击。

这类甲壳生物除了捕腿之外的另一个特征就是有一双滴溜溜转的大眼睛。一双眼睛滴溜溜地转的样子非常可爱。

如果要在珊瑚装饰性水族箱内养殖这类甲壳生物，水族箱内除鱼以外的其他小型生物（蟹、寄居蟹、缨鳃虫等）都会变成它们捕食的对象，因此养殖前要做好充分准备。虽然它们不会给珊瑚带来什么伤害，但它们在筑巢的过程中会移动珊瑚岩，可能会导致珊瑚从珊瑚岩上掉下来。

将它们放到珊瑚装饰性水族箱内进行养殖之后，可以观察到它们在珊瑚岩等下面筑巢并以此为中心开始生活的样子。如果是成对养殖就能产卵，会将大量受精卵抱到粗腿下看护，一直到孵化出来为止。

这类生物在养殖过程中会给养殖的人带来很多麻烦，但它们也确实是值得一养的很有趣的海产生物。

15. **听说日本南部海域的鹿角珊瑚等造礁珊瑚在夏季因为海水温度比往年稍微高了几度就出现了白化现象并最终死掉了。这些本来生活在日本海域的珊瑚按理说应该是能够承受一定的海水水温上升的，但为什么会出现白化现象并死掉呢？**

答：根据对造礁珊瑚所能承受的高海水水温的研究表明，是因为海水水温比往年平均水温高了几度以至于超过了大多数珊瑚能承受的极限。也就是说在盛夏的高水温海水中生活的造礁珊瑚其实是生活在比生存极限仅仅低了几度的生理极限环境中。因此，随着全球气温上升等因素的影响，如果今后海水水温高几度的状况持续下去还会有更多的珊瑚会出现白化现象并死掉。

　　珊瑚对高水温的承受能力相当弱，这一信息对于在水族箱内的养殖也有很大的参考价值。希望能通过这件事情明白过高的水温会给珊瑚以致命的伤害。

16. 珊瑚会产卵吗？

　　答：珊瑚是通过产卵来进行繁殖的。珊瑚的卵子和精子会在每年固定的时间段内一齐排出来，无数的受精卵漂浮在海水中去寻找新的生活场所，其中大部分都被鱼类给吃掉了，只有极少幸运的部分会最终落在某块岩石表面然后开始孵化成幼珊瑚。

　　根据最近对澳大利亚大堡礁的珊瑚繁殖研究成果表明，珊瑚是以月亮亮度的增减为标准来产卵的。珊瑚产卵是在半夜一起进行的，其产卵的暗号就是在满月时照到黑暗海面下珊瑚身上的微弱月光。

17. 我养殖石珊瑚的经验还比较浅，之前在一家海水鱼销售店迷上了一个呈圆桌状的姿态漂亮的小型鹿角珊瑚，然后就买了下来并放进了我家的珊瑚水族箱里。但过了几天之后状况突然恶化，还不到几天共肉就都剥落了，最后死掉了。难道鹿角珊瑚有这么脆弱吗？

　　答：鹿角珊瑚在石珊瑚中属于很难养殖的一类。如果各种适宜养殖的条件（光、水质、水温等）都具备，在体内进行光合作用的虫黄藻就能大量共生，因此只要有强光照明长时间内不喂食也能生存，在养殖上基本上不会花什么时间。甚至也可以说只要有强光照射就能生存，是可以比拟植物的一种生物。

　　但是，它们对海水中营养盐类（硝酸盐等）或磷的增加，以及生长中必要的微量元素的不足非常敏感，如果一下子移入到无法承受的环境中，过不了几天共肉就会剥落，然后很快就死掉了。即便是经验丰富的爱好者养殖这类难养的鹿角珊瑚（深海系的鹿角珊瑚类）也有可能因为管理不足而导致珊瑚死掉。

　　因此在养殖鹿角珊瑚时，应该先在一段时间内从比较容易养殖的石珊瑚开始，当积累了足够的珊瑚养殖经验并且具备充分的自信之后，在预先充分研究的基础上再开始养殖鹿角珊瑚。如果连石珊瑚的养殖经验都还不足就去挑战养殖更为难养的鹿角珊瑚，这种挑战就显得有点鲁莽了。海水鱼销售店内销售的石珊瑚除了一部分人工养殖的品种之外都是很贵重的野生生物，所以我们应该尽可能让它们在水族箱内生存得更久。

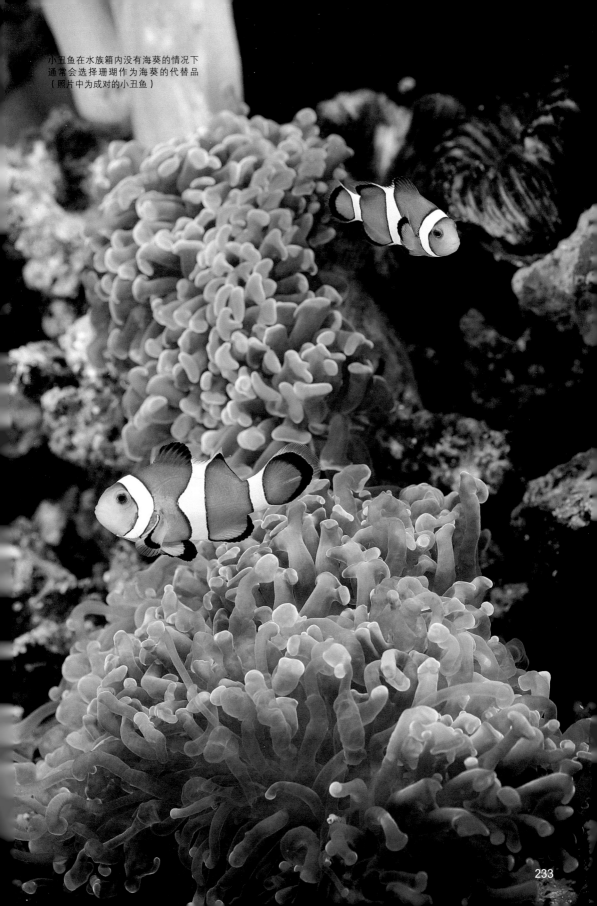

小丑鱼在水族箱内没有海葵的情况下
通常会选择珊瑚作为海葵的代替品
（照片中为成对的小丑鱼）

18. 我的珊瑚装饰性水族箱中养着小丑鱼。水族箱里面没有放海葵进去，小丑鱼现在选择流动性花型珊瑚作为住所。是不是珊瑚成了海葵的代替品了啊？

答：海葵的触手根据种类不同而有所不同，但都有可以杀死小鱼的毒性刺胞（像刺一样的器官）。小丑鱼对这种刺胞的毒性具有先天性的超强免疫能力，故而能够在海葵中自由穿梭。但那些能捕食小丑鱼的大型鱼类没有这种免疫能力，所以无法进入到海葵内去捕食小丑鱼。

另外，如果水族箱中没有小丑鱼喜欢的海葵，它们就会选择水螅体很长的珊瑚作为替代住所。但这仅仅是没有什么危险性的水族箱内的行为，估计小丑鱼也不是很情愿选择这样的住所吧。

19. 珊瑚会吃干饵料吗？

答：这要看是哪种珊瑚，有的也会吃固定成片状的饵料（片状饵料）或磷虾（干燥后的磷虾）。能吃片状饵料的包括气泡珊瑚等拥有大嘴的珊瑚。在水螅体上放置1粒片状饵料（如果是小珊瑚就切成一半或四分之一），水螅体就会慢慢地将饵料吞进嘴里。如果是吃不了的东西（小石头等），即便放在水螅体上面也不会被吞进嘴里去，所以珊瑚是能够分辨哪些是可吃的，哪些是不可吃的。貌似水螅体具备识别味道的能力。

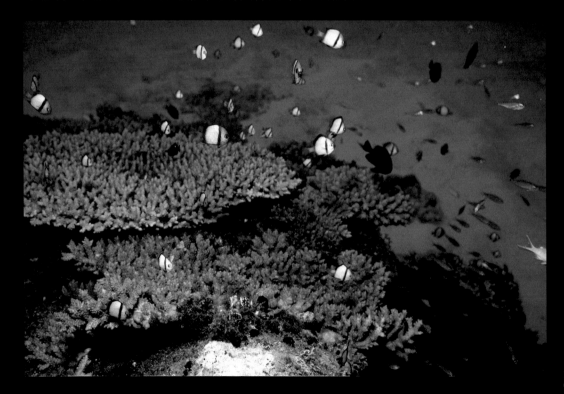

② 水螅体对饵料产生反应并开始动起来

③ 水螅体开始将饵料往嘴里输送

① 用镊子将片状饵料轻轻地放到珊瑚上面

⑤ 饵料被输送到水螅体深处，完全看不到了

④ 饵料进入到水螅体深处

　　如果是气泡珊瑚，在片状饵料挪到嘴里之前饵料会被球状的水螅体覆盖以至于看不到，在挪到嘴里之后水螅体会膨胀并开始消化。这时即便是已经挪进嘴里的饵料，如果不能顺利消化的话都会被吐出来，因此要注意。如果不清理被吐出来的饵料会引起水质恶化，可能会导致珊瑚体质变弱。

　　珊瑚吃掉并消化掉的饵料经过一段时间之后就会变成片状粪便从嘴里排泄出来。珊瑚和海葵一样，嘴和肛门属于同一个器官。

　　珊瑚能吃下片状饵料等干燥饵料对于喂食来说当然会变得轻松一些，但也请偶尔喂一些甜虾或贝类等饵料（解冻后的也可以）。片状饵料虽然不存在营养不均衡的问题，但喂食多样化可有效减少营养不均衡的危险，而且有助于维持珊瑚进食的良好状态。

我从海水鱼销售店购买了一些珊瑚和海水鱼，可以立刻把它们放进自家的珊瑚水族箱吗？

答：从观赏鱼销售店购买的珊瑚或海水鱼都装在充有氧气的塑料袋子里面，如果立即打开并将里面的珊瑚等生物放进水族箱，由于水温差和比重差的不同，珊瑚等生物容易患病，严重情况下可能死掉。还可能出现小蟹等水族箱内不愿出现的生物入侵等情况。

特别是为了避免水温差、比重差、水质差等引起的问题，最好让装有珊瑚等生物的塑料袋在水族箱内至少漂浮30分钟以上。经过约30分钟以后，装有珊瑚等生物的袋子里的水温就和水族箱内的水温基本一致了，这样就不会受到水温差的伤害了。

30分钟后打开袋子但不要马上将水和生物一起倒进水族箱，先一点点地将水族箱内的水放进装有珊瑚的袋子中，在5分钟左右的时间里将袋子灌满水。这样即便袋中的水和水族箱内的水有一定的差异也不会给珊瑚造成什么受害。另外，在将珊瑚放入水族箱时可能出现不希望在水族箱里繁殖的海藻、蟹、繁殖力极强的小型海葵等和海水一同侵入水族箱的情况，因此要特别注意。

对于鹿角珊瑚特别是很敏感的珊瑚，比重及pH等差异更容易产生较大的刺激，最好采用比上述方法更为稳妥的方式来进行珊瑚在不同水族箱间的转移（海水鱼销售店的水族箱转移到自家的水族箱，自家的一个水族箱转移到另一个水族箱等）。

首先让袋子在水族箱内漂浮30分钟左右以消除温度差，然后用橡皮筋将装有海水鱼销售店水族箱内的水的塑料袋袋口扎住。

塑料袋袋口装一根往袋内吹气的管子（端部有气石，可以避免pH的急剧变化）和一根调水用的管子（这根管子上装有可调节水流速度的阀门）。通过这根调水管道慢慢地将珊瑚和鱼类即将进入的水族箱的水添加到袋子中。这样一来就能够有效避免生物体受到各种刺激（pH差刺激、比重差刺激、水温差刺激）。这项操作最好在30分钟~1小时内完成。如果还想更加稳妥，可以先将袋子里的水倒掉一半，然后从即将移入的水族箱内取出一些水，通过管子注入袋中），如此反复1~2次。

另外在进行上述操作时注意不要让水温在操作过程中降低。

21. 为了不减弱强光就没给水族箱盖盖子，导致海水水分逐渐蒸发，不知不觉比重就失衡了。但每次都一点点将蒸发掉的部分补充进去很麻烦，请问是否有什么好的方法？

答：水族箱内海水的自然蒸发会导致比重变化，极端情况下可能会影响到珊瑚的健康生长。比重过高当然对珊瑚不利，但如果一次性补充纯水过多会导致比重出现急剧变化，这对珊瑚也不好。当发现因为蒸发而出现海水比重过高时，最好用半天时间（最短也要几个小时）慢慢地补充纯水以便恢复到原来的比重。

不用花时间就能维持水族箱内海水比重的便捷方法中常用的就是点滴法。根据自己的海水水族箱的水分蒸发速度将设置在高处的聚乙烯水箱中的纯水通过细细的硅胶软管注入水族箱内，管子端部安装可调节滴落速度的调整阀（采用气管中用到的阀）。这种方法只需要定期确认一下比重就可以了，因而可以大大节省添加纯水所用的时间。

如果预算允许，可以买一些比重计、电磁阀、控制器等设备与连接净水器的水管联动，实现全自动方式（自动给水）维持海水水族箱中海水比重的恒定。这种系统在一些海水鱼专卖店有销售，但因为不是常规用品，所以可能比较难买到。而且，这种系统在水族箱养殖用品中也算是价格昂贵的产品。

触手尖端呈漂亮的荧光绿的细枝大榔头珊瑚

共生虾中的一种——葵虾

图书在版编目（ＣＩＰ）数据

世界珊瑚图鉴：300幅珊瑚鉴赏图典 /（日）小林道信著；秦小兵译. -- 北京：中国民族摄影艺术出版社，2018.1

ISBN 978-7-5122-1059-2

Ⅰ.①世… Ⅱ.①小… ②秦… Ⅲ.①珊瑚虫纲—图集 Ⅳ.①Q959.133-64

中国版本图书馆CIP数据核字(2017)第293168号

TITLE：〔The Sango〕
BY：〔KOBAYASHI Michinobu〕
Copyright © 2007 KOBAYASHI Michinobu
Original Japanese language edition published by Seibundo Shinkosha Publishing Co., Ltd.
All rights reserved. No part of this book may be reproduced in any form without the written permission of the publisher.
Chinese translation rights arranged with Seibundo Shinkosha Publishing Co., Ltd., Tokyo through NIPPAN IPS Co., Ltd.

本书由日本株式会社诚文堂新光社授权北京书中缘图书有限公司出品并由中国民族摄影艺术出版社在中国范围内独家出版本书中文简体字版本。
著作权合同登记号：01-2017-8105

策划制作：北京书锦缘咨询有限公司
总 策 划：陈 庆
策　 划：肖文静
设计制作：柯秀翠

书　　名：世界珊瑚图鉴：300幅珊瑚鉴赏图典
作　　者：〔日〕小林道信
译　　者：秦小兵
责　　编：陈 徯
出　　版：中国民族摄影艺术出版社
地　　址：北京东城区和平里北街14号（100013）
发　　行：010-64906396 64211754 84250639
印　　刷：昌昊伟业（天津）文化传媒有限公司
开　　本：1/16　170mm×240mm
印　　张：15
字　　数：140千字
版　　次：2022年8月第1版第7次印刷
ISBN 978-7-5122-1059-2
定　　价：68.00元